怪癖心理学

直面内心 看透秘密 掌控人心

Eccentricity Psychology

叶鸿羽（心理咨询师）／著

京师博仁（专业心理机构）／组编

台海出版社

图书在版编目（CIP）数据

怪癖心理学 / 叶鸿羽著 . -- 北京：台海出版社，
2019.1（2022.9 重印）

ISBN 978-7-5168-2184-8

Ⅰ.①怪… Ⅱ.①叶… Ⅲ.①变态心理学 Ⅳ.
① B846

中国版本图书馆 CIP 数据核字（2018）第 269423 号

怪癖心理学

著　　者：叶鸿羽

责任编辑：高惠娟　赵旭雯　　　　　装帧设计：异一设计
责任印制：蔡　旭

出版发行：台海出版社
地　　址：北京市东城区景山东街 20 号　邮政编码：100009
电　　话：010 — 64041652（发行，邮购）
传　　真：010 — 84045799（总编室）
网　　址：www.taimeng.org.cn/thcbs/default.htm
E - mail：thcbs@126.com

经　　销：全国各地新华书店
印　　刷：三河市嘉科万达彩色印刷有限公司
本书如有破损、缺页、装订错误，请与本社联系调换

开　　本：710 毫米 ×1000 毫米　1/16
字　　数：190 千字　　　　　　　　　印　　张：13.75
版　　次：2019 年 1 月第 1 版　　　　印　　次：2022 年 9 月第 4 次印刷
书　　号：ISBN 978-7-5168-2184-8

定　　价：49.80 元

前　言

在现今社会，总是有很多千奇百怪的人或事情让我们看不懂：

为什么有的人总是喜欢无缘无故地伤害自己？

为什么有的人明明经济条件不错，却喜欢偷别人的东西？

为什么有的人长得非常标致，却最终与丑男或是丑女走在了一起？

为什么有的人总是喜欢裸露自己的身体？

为什么有的人总是没来由地感到害怕？

……

其实，这些有悖于常理的现象都是不同的心理怪癖表现：自残癖、偷窃癖、恋丑癖、裸露癖等，而这些怪癖都是内心欲望的投射。怪癖是人的两面性的体现，人既会产生做正确事情的冲动，也会有做坏事的欲望。如果压制这做坏事的冲动，有可能会适得其反。

本书通过通俗易懂的文字来为大家生动地介绍各种"癖"的爱好者，比如，恋物癖、厌食癖、整容癖等，并进行深入分析，以揭示怪癖的真相，揭露人们行为背后的心理奥秘。另外，书中还条理清晰地讲述了各种非正常心理的行为矫正和治愈方法，以帮助那些"癖"的爱好者勇敢地正视这些怪癖，进行正确的心理疏导，从而走出心理阴霾，获得健康、美好的幸福人生！

目 录

Part 1

不可思议的癖好：他们是"变态"吗

洁癖：到处都遍布着细菌

在上大学时，张璐是宿舍中最爱干净的一个人，她每天都会将自己的衣服、被单洗得干干净净。每天回到宿舍第一件事就是洗手，并且用肥皂反复洗。因为在她的眼中，细菌无处不在，所以她认为只有反复清洗才能将细菌消除。由于经常反复地洗手，张璐的手都有些掉皮了。不仅如此，宿舍里的人都知道，张璐的床铺除了她自己，其他人都不可以坐，否则，她就会立刻与人翻脸。

有一次，室友带着朋友来玩，对方不知宿舍的这条规则，在与舍友聊天的过程中，顺势就坐在了张璐的床上。此时，正好张璐回来了，她看到这个情景立刻叫喊道："你是谁啊，怎么可以随便坐我的床铺呢？"室友急忙解释道："不好意思，璐璐，这是我的朋友。"张璐见室友已经道歉了，便不再说什么，但等室友的朋友走了之后，她便将床单换掉，反复洗了很久。

不仅如此，张璐每次与同学去逛街，都会在包中放上一副手套和一些白纸。每次乘坐公交车或是地铁时，如果有座位的话，她会将纸放在座位上，然后再就座；如果没有座位，她则会先戴上手套，再去抓车把手。起初，有些同学还笑话张璐太爱干净了，可时间久了，大家都知道她的这种癖好，也就见怪不怪了。

不过，与张璐不熟悉的人见到她这样的做法往往感到很不解，认为她非常怪异，更不愿主动与其交往。所以，在大学四年里，张璐最为相熟的朋友只有宿舍里的几个室友。

喜欢干净本是一件好事，可是过于清洁和干净，则是洁癖的表现，它不仅影响正常的生活和工作，尤其是在社会交往中，也会受到很大地妨碍。洁癖有轻重之分，比较轻的洁癖是一种不良习惯，而较为严重的洁癖则是一种心理疾病，属于强迫症的一种。像案例中的张璐就属于比较严重的洁癖，因为频繁地洗手，导致手上的皮肤都有脱皮的情况发生。其实，洁癖并不是只发生在女性身上，很多男性也会存在这种怪癖，有时候还表现得更为严重。

曾有新闻报道称，一位高中男孩因为洁癖，每天出门都会带很多卫生纸，凡是用手接触的东西，他都会用纸反复擦拭；别人递给他的水或是吃的东西，他从来都不会接，都是自己随身携带；即使别人递给自己一支笔，他也不会接，认为上面有太多的细菌。

一般来说，患有洁癖的人在主观上会感到一种无法抗拒的意向和冲动。对于他们而言，虽然能够意识到这些行为是不应该出现的或是没有任何意义的，但内心却会产生强烈的焦虑和恐惧，让他们不得不采取某些行为来安慰自己。

比如，案例中的张璐每次出门如果不戴手套，在接触某些东西后，她就会感到手特别脏，上面有很多细菌，所以心里非常不舒服，非要去清洗数次或是清洗一定的时间。如果不那样做，她就会感到特别焦虑。而只有清洗多次，她在心理上才会舒服一些。

那么，洁癖产生的原因有哪些呢？对此，有专家总结出以下几个因素：

1. 心理因素。大多数的洁癖患者都有强迫型人格，这是产生洁癖的心理基础。专家对患有洁癖的人进行调查发现，在他们的症状加剧前都曾发生过一些突发事件，比如亲人去世、父母离异等都会造成心理紧张，导致情绪波动很大，从而诱发强迫症。

2. 家庭因素。有些洁癖患者的父母具有强迫型人格，所以会对他们造成潜移默化的影响。由于他们所接受的家庭教育比较严厉、古板，甚至有些冷酷，所以，洁癖患者就会变得谨小慎微、固执、刻板。在生活上，他们会过分地要求自己有规律地作息，凡事都要井井有条。如果稍微发生改变，他们就会感到焦虑不安。

而有些父母则会在卫生习惯上对孩子要求过严，逼迫他们反复洗手，这种行为会对他们起到强烈的心理暗示作用，尤其是对那些比较敏感、内向的孩子影响更大。比如，张璐的父母都是军人，他们做事一向较为刻板，所以在生活上过分地要求张璐，对她也非常严厉，致使张璐的洁癖越来越严重。

3. 社会因素。有的人在强迫型人格的基础上会逐渐出现洁癖的症状，尤其是在青少年时期，在生理上会有明显的变化，而在与人交往的过程中也会产生不适应，这都有可能导致洁癖症状的加重。另外，一些外界的不良刺激等也会诱发洁癖，比如，生活和工作环境的变动、工作氛围比较紧张等。

其实，在日常生活中，我们会经常看到那些有洁癖的人，他们的生活目标好像就是做好自己的个人卫生，每天都非常关注细菌，而没有时间顾及其他的，也没有什么兴趣爱好。长此以往，不仅会影响身体健康，还会损害心理健康。那么，如何预防和治疗洁癖呢？对此，有专家提出以下几点建议：

1. 调整自己的观念。讲卫生虽然是为了我们的身体健康，但它并不是我们追求的生活目标，如果将大部分的时间都花在清洁上，而没有时间享受生活，就会本末倒置。因此，专家建议，我们应该适度地接触细菌，才能产生抵抗力，因为身上的某些细菌会在体内形成抗体，从而抵抗外来的一些病菌。如果过于清洁自己，反而更易生病。

2. 采用认知疗法。所谓的认知疗法，最为关键的措施就是对洁癖患者进行观念上的纠正，主要从以下几个方面入手：找出产生洁癖的原因，并用科学知识来消除患者心中的误解；让患者改变自己的思维方式，先做重要的事情，再做其他事情；如果是年幼的孩子，则需要家长积极配合，不要过分地苛求他们的清洁情况。同时，当孩子在某些方面做得不错时要及时给予表扬和奖励。

　　3. 运用满灌疗法。即让洁癖患者坐在房间中，并让亲朋好友做助手。首先，让患者全身处于放松的状态，闭上双眼，然后让助手在患者的身上涂上墨水、染料等液体。在涂抹时，患者要尽量放松，而助手此时要尽可能多地用语言来形容手已经很脏了，但患者要坚持和忍耐住，直到不能再忍耐时才睁开眼睛看看自己到底有多脏。运用这种方法治疗时，不管患者有多么痛苦、焦虑都要坚持住，而且助手也要在一旁给予积极的鼓励，才会帮助患者尽快战胜洁癖。

偷窃癖：喜欢做"小偷"

杨阳是一个高三的学生，性格比较孤僻，不怎么喜欢与同学来往，但总喜欢请同学吃东西或是喝饮料，对钱财也不在意。因为他的父母都是做生意的，所以家境比较殷实，他每个月的生活费都是几千元。在同学们的眼中，杨阳就像是一个阔少爷。可让人意想不到的是，这个"阔少"竟然是一个喜欢偷盗的"小偷"。

最近，学校中的超市发生了失窃事件，据超市的负责人反映，超市经常会丢失一些日用品，比如袜子、毛巾等。可学校保安人员查了一段时间后并没有发现是何人所为，所以他们只好建议负责人在超市各个角落中装上摄像头，这样才能知道到底是谁偷窃了那些物品。

当负责人在超市装了摄像头之后，他发现每次杨阳来买东西时，超市都会少几样东西。而且查看视频发现，杨阳确实有偷盗的嫌疑，因为他会在那些丢失的物品前停留很久，然后又像没事儿似的拿着一些东西结账。当超市负责人将这些视频放给学校的保安人员看之后，他们对杨阳进行了一番询问，杨阳也承认自己确实"拿"了那些东西，但他并没有使用它们，而是将其随意丢掉了。

当杨阳的班主任和同学知道这件事后都感到不解：因为杨阳并不缺钱花，也不缺那些东西用，为什么会有偷窃的行为呢？后来，班主任对杨阳教育了一番，杨阳也向老师保证以后不再"偷"东西了。可没过多久，他在超市"偷"东西时再次被负责人抓个现行。

其实，杨阳这种行为就属于偷窃癖，这是属于意志控制障碍范畴的精神障碍，主要的表现就是反复出现或是无法控制自己的偷窃行为，即使遭到惩罚和教育，也难以改正。这种偷窃行为并不是为了谋取经济利益，也没有其他明确目的，纯粹是由于无法抗拒内心的冲动。每次偷窃后内心都会产生快感和满足，而对所偷的物品会随手丢弃或是将其收藏，抑或是偷偷地送还给原主。所以，它与一般偷窃行为是有区别的，它并不是有组织、有预谋地去偷窃。

一般来说，患有盗窃癖的人并没有出现精神异常等情况，也没有智能缺陷。患者往往是在幼年或是少年时期就会产生这种行为，而且这种偷窃的冲动似乎有一定的周期，他们无法克制这种偷窃的冲动，对偷何种物品也没有明确的目标，遇到什么就偷什么，更不是为了某种经济利益，也不会为自己所用，只是为了满足自己的变态心理需求。

心理学家表示，偷窃癖是一种很难矫正的心理疾病。对于很多人来说，他们往往很难理解有偷窃癖的孩子，所以常用一种想当然的错误方法来试图矫正其行为，可结果却起到反作用。比如，很多家长得知孩子有偷窃癖，就会对孩子进行打骂、惩罚。这种做法只会给他们带来快感，反而让他们更沉迷于偷盗。

那么，偷窃癖是如何形成的呢？有专家通过分析总结出以下几点原因：

1. 性格原因。经过研究发现，有偷窃癖的患者大多存在性格缺陷，比如比较自私狭隘、倔强、交际面比较窄等。最为显著的特点就是有很强的报复心，不管是家人的责骂还是其他人的批评，都会让他们产生一种报复的冲动，而这种冲动就会通过偷窃来进行发泄。心理学家经过大量的研究证明，很多偷窃癖患者起初都有一种报复的心理，想要通过偷窃来报复伤害自己的人，但之后的偷窃行为似乎与报复动机并没有太大的关系，而是一种习惯。

2. 环境影响。心理学家通过分析发现，偷窃癖患者之所以会有偷盗的癖好与环境有很大的关系。比如，案例中的杨阳从小就缺少父母足够的关心和沟通，父母常常为了忙生意而将他一个人放在家里，这让他的性格变得有些孤僻，也不懂得如何与人沟通。另外，杨阳总感觉自己不受父母的重视，好像被他们遗忘了似的，所以内心非常失落。于是，他便用偷窃的行为来引起父母或是其他人的注意，以获得心理上的满足。

3. 好奇心被压制。对于小孩来说，他们对任何事物都充满了好奇心，总是想要摸一摸、碰一碰，可有些家长却压制孩子们的好奇心，从而限制了孩子们的探索欲望。虽然他们在小时候很听父母的话，但随着年龄的增长，那份被压制的欲望却无法遏制地生长出来，让他们渴望去触碰那些不属于自己的东西，甚至会据为己有。

那么，如何有效地治疗和预防偷窃癖呢？对此，有专家提出以下几点建议：

1. 采用厌恶疗法。这种疗法的原理是，当某个人出现偷窃癖的行为时，如果有满意的刺激，就会强化其行为，并很容易再次出现偷窃行为；如果这种行为受到厌恶性的刺激，比如电击等，则会抑制神经反射，并使其相关的行为反应逐渐消退。

这种疗法曾成功矫正过偷窃癖：当患者接受心理治疗时，心理医生让其反复观看一段关于其本人进入店铺行窃并被当场抓获的视频。在患者观看这段视频的过程中，只要出现其他人用厌恶的表情在看他被抓获的画面时，医生就会电击其腿部，以强化患者的厌恶体验。治疗一段时间后，患者每当在受到电击和看到其他人厌恶的表情时，都会产生害怕自己再次偷窃和被抓获的焦虑。连续治疗三个月后，患者的偷窃欲望就逐渐消失了。

2. 进行自我矫正。当患者出现偷窃的欲望时，不妨用力拧自己或是闻一种刺激、但对身体没有危害的气味，抑或是强迫自己去做让自己厌烦的事情等。如果此时家人再给予患者积极的配合，即给他们一些厌恶的刺激，则更易矫正其盗窃的怪癖。不过，需要注意的是，在矫正的过程中一定要坚持到底，才能彻底矫正不良的癖好。

3. 做好心理疏导。想要健康地生活，最好的方法就是预防产生偷窃癖。最为关键的一点就是，当我们有心理冲突时，尤其是内心承受能力比较差的人，一定要及时求助专业人士为自己做好心理疏导，并能够及时地化解心理冲突，才能做到防微杜渐。

疑病症：我是不是患有重病

徐亮是出版社的编辑，今年已经40多岁了，他在这一行已经做了十几年了，由于长期伏案工作，让他时常感到腰部很不舒服。每天只要坐的时间太久，就会感到腰酸背痛。后来，他到医院检查后得知，由于他长时间久坐，导致肌肉比较僵硬，因此患上了筋膜炎。可是，徐亮听了医生的诊断后并不相信，他总担心自己的身体还有某些严重的病症医生没有查出来。

有一天，当他在办公室正编辑稿件时突然感到腰部有些酸疼，于是，他站起来想要活动一下。可在活动的过程中，他的膝盖关节处发出了声响。他顿时感到非常紧张，担心自己的膝盖可能出了什么问题。于是，他立刻放下手中的工作，打车去附近的医院进行检查。医生为他细致地检查后告知，他的身体并无大碍。可徐亮却不相信，他担心自己的关节可能存在某些病症，是医院没有检查出来。

于是，他又辗转到其他医院去检查，可经过一番检查之后，各个医院诊断出的结果都是同样的。徐亮仍然不相信检查结果，他总担心自己身体有重病。后来，他竟然辞去了工作，专门去其他省市的大医院检查，但结果医生都告诉他没有什么大碍。

虽然在此期间徐亮的家人经常安慰他，让他放宽心，可依然难以打消他内心的疑虑和担忧。徐亮如同魔怔般，频繁去各个医院进行检查。由于长时间地奔波在各个大医院做检查，导致徐亮的经济负担也日益加重。家人见此，从原来的安慰转为抱怨，到最后都不愿搭理他，这让徐亮感到更加失落和痛苦，认为家人不懂得体谅和关心自己，每日都活在焦虑和担心中。

在日常生活中，很多人可能都会感到身体有些不适，但只要在医院检查后没有什么大碍，就会放宽心；可有些人却像案例中的徐亮总是疑心自己有病，并且怀疑自己可能患有重病，任凭他人如何劝说都听不进去，即使医院的检查结果证明他们没有问题，但他们却坚信是医院没有找到根源。

像徐亮这类人的怪癖行为就是患上了疑病症，这种病症又被称为疑病性神经症，是指患者总是担心或是相信自己患有一种或是多种较为严重的躯体疾病的持久性想法。他们频繁地去医院就医，即使多次检查的结果都证实没有相应的疾病，依然无法打消患者的顾虑，而且还会伴有焦虑或是抑郁的状况。由于患者总是反复检查，并奔波于各大医院之间，最终会造成沉重的经济负担。

据一项调查显示，这种疑病症是比较少见的，占神经症的9%。一般来说，男性发病年龄大多为40岁，而女性则是50岁左右。不过，据医学统计发现，最近几年，疑病症的发病率有增加的情况，其发病的原因主要有以下几个：

1. 性格原因。研究发现，很多疑病症的患者在性格上往往过于内向、敏感、固执、过分关注自己等，这是发病的一般基础。比如，案例中的徐亮就是一个相当敏感、固执的人，当医院诊断他身体无大碍时，他却固执地认为自己有病，并对自己的身体状况顾虑重重。

2. 环境因素的影响。如果生活环境发生改变、离异等情况的发生，也会诱发人们患上疑病症。

3. 医生的不恰当言行。有些疑病症患者在医院就诊时，由于医生不恰当的言行，导致患者产生多疑的心理；或是医生给出的诊断不确切，导致患者反复进行检查。

在医院中，我们会看到一些疑病症患者虽然各项检查都比较正常，但患者仍然疑心不减，不仅影响了正常的生活、工作，还让心理和精神上备受折磨，整日处于焦虑、紧张不安的状态中，严重的甚至会导致精神分裂。不过，如果患有这种病症我们不要因此而惊慌失措，更不要灰心丧气，对治疗和未来的生活感到绝望，因为它并非绝症。对此，有专家为我们总结了以下几种调节方法：

1. 改善和克制自己的性格缺陷。 因为大多数的疑病症患者普遍存在过分敏感、内向多疑等性格，所以在进行自我调理时可以尝试改善和克制自己的疑病性格，从而有效地缓解疑病症所带来的紧张情绪。如果自己无法克制，不妨求助专业的心理治疗师，及时让其帮助我们调整负面情绪。

2. 设法转移注意力。 很多疑病症患者是因为对自己的身体健康过于关注，所以专家建议，患者在出现疑病症的苗头时，要设法将自己的注意力从对身体状况的关心上转移到其他方面。比如，为自己制订几个比较感兴趣的计划，让自己的生活充实起来，而没有精力去疑心自己的身体健康状况。

3. 家人的关心和鼓励。 有些疑病症患者往往极度缺乏安全感，总是认为自己身体状况出现了问题，从而感到相当失落、焦虑、紧张不安。对此，专家建议，患者的家人应该多花时间来关心、鼓励他们，并让他们积极地参加一些有意义的活动，比如打球、垂钓等，以培养他们乐观、自信的心境，从而帮助他们缓解疑病的症状。

4. 采用药物治疗。 如果疑病症的情况比较严重，患者在医生的建议下可以酌情使用抗抑郁剂，以消除患者的焦虑、抑郁等症状。

强迫症：身体不受自己控制

叶强是一个文质彬彬的少年，戴着一副眼镜，长得白白净净，个头也很高，是班里的学习委员。他的性格比较内向，非常爱干净，做事认真，总是力求完美。表面看来，他是一个再正常不过的学生，可让同学们不解的是，叶强做什么事都喜欢反复做很多遍。比如洗手，他总是反复洗多次，即使洗得手有些脱皮了，他还是反复清洗；检查同学的作业，也是检查数十遍，即使作业已经准确无误了，他依然会多次检查。

在一次自习课上，数学老师让叶强检查两个同学的习题，而习题总共加起来也就不到 10 道题，结果一节自习课结束了，他还没有检查完。当老师询问其原因时，他对老师说："为了防止同学做错，我把每道题都重新做了一遍，然后再细细地检查好几遍。"虽然老师对他的认真称赞不已，但还是劝说道："老师知道你做事认真负责，不过在检查作业时不用反复检查，那样太浪费时间了。"

不仅在学习上如此，在生活上也是如此。每当叶强离开家或是宿舍，他总是要反复检查多次，看看自己有没有东西遗漏或是有没有忘记关闭电源。有一次外出，为了检查自己有没有遗忘某些东西，他竟然在家中反复检查了一两个小时。其实，叶强也知道自己那样做是多此一举，但他控制不了自己的行为，不管做什么事都会反复思考、反复去做。

在日常生活中，可能很多人都曾有过这样的经历：在走出家门后总是担心家中的煤气、电源是否已经关闭？或是门有没有锁住？甚至还会回家检查一遍。有些小孩子也会出现这种现象：在马路上行走时，总是走几步必须跳一下，再继续前行。其实，这种现象与叶强的行为都属于强迫倾向的体现。一般来说，如果强迫症状比较轻，而且持续的时间比较短，不会引起焦虑等情绪障碍，是一种正常的表现；反之，如果强迫的症状比较严重，而且持续时间很长，并且引起严重的焦虑等情绪障碍，则会对人们的生活和身体造成很大的影响。

何谓强迫症？它是指一组以强迫症状（包括强迫观念、强迫行为）为主要临床表现的神经症。其实，强迫症在临床上是比较常见的。美国一项调查显示，强迫症患病的概率大概是1%。临床实践调查发现，在中国患有强迫症的人有500～1000万人，而患有这种症状的概率为5‰～10‰。其实，有80%的强迫症患者是在25岁之前发病，而且男性比女性多。

一般来说，患有强迫症的人虽然明知道自己的行为不妥，但无法控制，因为他们如果控制自己不去做，就会有紧张、心慌等表现，所以，为了避免这种情况的发生，很多患者只好去想、去做，这种特点可称为自我强迫和反强迫。另外，很多强迫症患者能够意识到自己的这种强迫意识和冲动是来自自我，而不是源于外界。

在精神疾病的分类中，虽然强迫症属于神经症的一种，是一种比较轻的精神疾病，但实际上它在治疗上往往比抑郁症、焦虑症更加困难，而且症状的改善较慢，药物的剂量也比较大。如果患病后不及时治疗的话，会影响患者的生活和工作，而且会给个人和家庭带来巨大的痛苦和负担。

比如，有的强迫症患者每次洗手都会洗2～3个小时，即使手都洗脱皮了，他们还会反复清洗；有的患者在外出时会反复检查有没有遗漏东西或是有没有关闭电源等，后来两三个小时都出不了门，有的患者严重的话甚至整日不出门。

因此，患有强迫症的人是相当痛苦的，由于强迫症而无法正常生活和工作的也有很多。那么，导致强迫症产生的原因有哪些呢？对此，有专家总结出以下几点：

1. 遗传因素。医学研究发现，强迫症有一定的遗传倾向。一种遗传特征的红细胞（ABO）血型与强迫症会发生关联。尤其是有较高的 A 型发生率和较低的 O 型发生率，更易患有强迫症。

2. 身体某些部位的功能。医学研究发现，一些患有癫痫、颞叶挫伤等的病人会出现强迫症的症状。而在外科治疗上显示，如果将尾神经束、边缘脑白质切除，则会对强迫症起到很大的改善作用。

3. 心理和社会原因。如果强迫症患者性格比较谨小慎微、优柔寡断，再加上工作环境变化大、家庭失和、意外事件发生等造成的心理紧张，就会引发强迫症状。

因此，如果我们想要让强迫症的病情有所改善的话，就必须学会调节自己的心情，适应外界和身体的变化，具体应该怎么做呢？有专家为我们提出以下几点建议：

1. 学会顺其自然，不要过分追求完美。强迫症的特点之一就是喜欢琢磨，即使是一件芝麻大的小事也会想出天大的事，所以在思考问题时不要钻牛角尖，而是学会适应环境，顺其自然。同时，不要过于追求完美，过分看重结果，而是学着享受过程，抱着一种欣赏、体验的快乐心情来做任何事。

2. 家人和朋友的支持和鼓励。对于强迫症患者来说，亲朋好友的支持和鼓励能够让他们逐渐从强迫的深渊中解脱出来。所以，试着多鼓励他们参加一些积极有益的活动，比如旅行、运动等。

3. 求助专业人士进行治疗。如果自我调节解决不了问题，就要及时地寻求专业人士的帮助。比如，找寻心理医生或是精神医生实施专业的治疗，从而改善强迫症状。

自残癖：看到伤口才能平静

蒋伟是某公司的销售人员，他做这一行已经大半年了，可最近，他感觉压力非常大，因为每个月的业绩排名他都是倒数。因此，领导总是在会议结束后将他叫到办公室进行谈话。

有一次，蒋伟因为某项工作没有做好，领导批评他时话语有些重，而且还当众指责他，公司所有的员工都看着他，这让蒋伟既感到难堪，又相当郁闷和紧张。在领导厉声指责他时，他恨不得立刻找个地缝钻进去。此时，他的工位上正好放着一把美工刀，他拿起美工刀在手中玩弄着，想要借此转移自己的注意力。

当蒋伟拿着美工刀在手中玩弄时，一不小心划破了手指，看着鲜血汩汩地冒出来时，他不但没有感到疼痛，竟然有莫名的快感和满足。于是，他又故意拿起美工刀朝手背上划去。锋利的美工刀划在他的皮肤上，他丝毫没有感觉到疼痛，看到伤口他反而感到很舒服，内心也会随之平静下来。

此后，只要在工作或是生活上遇到不顺心的事情，蒋伟都会用刀在手臂上或是大腿上划上一道道伤口，看着那些伤口，他的心才能渐渐平静下来。不仅如此，之后蒋伟即使没有遇到不顺心的事，他也会习惯性地用刀划自己，如同上瘾似的，因为只有这样做，他的内心才会感到平静。

其实，案例中蒋伟的这种情况就属于自残癖，即对自身的肢体和精神造成伤害。一般来说，对精神的伤害往往不易察觉，所以自残通常是指对肢体造成伤害。而自残最为极端的做法就是自杀。在日常生活中，自残的行为是很常见的。很多人都有可能产生过自残的想法，但大多数人都没有采取实际的行动。

一般来说，自残而造成的自我伤害主要分为三种：

第一种是固定的自我伤害，即周期性且固定重复地对自己进行伤害，比如用头撞墙或是用其他物体打头等。这常常是智障者的行为，但也会发生在自闭症、精神病等患者的身上。

第二种是重大的自我伤害，即对身体的某个部位进行破坏或是去除，从而对身体造成永久性的损害，比如，有些自残者会去医院截肢等。不过，这种伤害的发生率不高。

第三种是表层的自我伤害，即不会对身体造成损毁，也不会对生命造成危险，只是偶尔会发生。不过，这种行为有时候会发展为上瘾，甚至在人的大脑中会一直存在这种冲动，比如，扯头发、刺伤皮肤等。

那么，人们为何会有自残的行为呢？是如何引起的呢？对此，有专家为我们总结出以下几点：

1. 心理原因。有些自残患者可能正在遭受急性或是慢性心理疾病的折磨，比如抑郁症、强迫症、边缘型人格障碍、冲动控制障碍等，这会让他们比较消极、颓丧，从而冲动行事，继而对身体造成伤害。

2. 压力转移。当人们的紧张不安、焦虑等情绪得不到化解时，就会通过自残来进行压力转移。这是一种不良的情绪发泄方式，可很多人却习惯用肉体的痛苦来减缓精神上的痛苦。比如案例中的蒋伟，正是因为承受着巨大的压力而进行自残，以转移压力。

3. 斩断欲望。在日常生活中，一些人会对自己的要求过高，并产生很大的期望，从而会比其他人感受到更多的挫折。对于一些失去信心的事情，为了彻底断绝自己的欲望，逃避挫折的打击，就会通过自残来斩断欲望。

4. 外界的压力。有些人会因为外界的压力而进行自残，这种行为是胁迫性的，自残者其实并不愿意进行自残。比如，遭遇恶势力的强迫而进行自残、以伤害肢体为赌注的赌博等。

5. 手段和策略。有些人会为了获得某些东西而进行自残，这通常是一种手段和策略，比如敲诈、逃避惩罚等。

6. 被误导。有些青少年会受到不良风气的误导，他们并不知道自残的危害，但为了追求"时尚""酷"而进行自残，比如文身。他们通常会在轻率地决定后才感到后悔。

7. 自杀未遂。有些人本来是想要自杀，但最终因为自杀未遂而导致肢体受到很大的伤害。当然，后面这几种情形已经超出了心理障碍的范畴。

其实，自残不仅无法改变现状，更无法改善我们的心情，而且还会加深身心的痛苦。那么，如何才能摆脱自残怪癖呢？对此，有专家提出以下几点建议：

1. 懂得合理的宣泄。对于自残者来说，他们经常会紧闭内心，不愿与他人沟通、交流，这只会让他们变本加厉地自残。因此，专家建议，应该学会与人沟通，将内心的不满和困惑向亲朋好友倾诉，并懂得合理的宣泄，才能避免自残心理和自残行为的发生。

2. 锻炼个性，充实内心。有些人的个性过于内向，遇到困难和挫折就会进行自责，这样只会让自己走进自残的怪圈中。对此，专家建议，应该锻炼自己的个性，学会坦然地接纳自己，并学会与自己、他人和谐相处。同时，要充实自己的内心，多将精力和注意力放在积极、有意义的活动上，比如运动、旅行、听音乐等，才会让我们释放负面的情绪，摆脱不良的心态。

3. 求助专业人士进行心理治疗和药物治疗。如果自残的情况比较严重，则要及时地寻求专业人士的帮助，进行心理治疗和药物治疗，找出症状的根源，在医生的指导下服药，从而遏制自残行为。

异食癖：什么东西都能吃下去

　　案例一：桐桐是一个 3 岁的男孩，长得乖巧可爱，可奇怪的是，最近桐桐的妈妈发现他竟然喜欢吃纸，只要身边有纸张，他就会顺手拿起来放在嘴里，然后像吃零食似的有滋有味地吃了起来。妈妈多次劝阻或是禁止桐桐吃纸，他都听不进去。有时候，即使妈妈将家里的纸都藏起来，桐桐还是会将一些书撕烂，然后将碎纸放进嘴巴中。

　　案例二：小钰是一个 7 岁的小姑娘，表面看来她是一个非常正常的孩子，长得活泼可爱。可让人讶异的是，她非常喜欢吃头发，只要看到地上的头发、死皮等她就会捡起来吃。不管是自己的还是他人的，她都会如获至宝般将其捡起来，吃到肚子里。由于吃下去的头发不易消化，当家人将其带到医院检查时，发现她的胃部和部分肠道处已形成了厚厚的头发结块。

　　案例三：在印度有一名男子非常喜欢吃土、砖头、碎石等物。其实，这种癖好在他 10 岁的时候就已经开始了，在第一次吃完泥土之后，他就变得一发不可收拾，每天至少要吃土、碎石 6 斤左右。

　　其实，以上这三个案例都是异食癖的表现。所谓的异食癖，也被称为异食症、乱食症，是因为身体的代谢功能发生紊乱、味觉异常以及饮食管理不当等而引起的一种很复杂的综合征。患有异食症的人总是持续性地吃一些非营养的物质，比如泥土、纸片、头发、金属、粪便等。

　　一般来说，这种病症多发生在一岁半到 6 岁的孩子身上，而且男孩发生的概率大于女孩。他们所吃的异物有可能会引起各种并发症，比如污物能够引起肠道寄生虫病；食用头发、石头等则会造成肠梗阻；如果大量吞食灰泥，则会导致铅中毒。

这种事例经常会在新闻中看到：住在安顺市某乡的 3 岁男孩因为患有异食癖，经常将木炭当作零食吃，每 10 分钟就会吃掉 8 粒木炭；江苏某医院的消化科会诊过一个 10 岁的小姑娘，她从两三岁就开始吃头发；美国一个 5 岁的小女孩因为异食癖总是喜欢吃地毯、衣服、鞋子等。

为何会有这么多异食癖的新闻出现呢？异食癖形成的原因有哪些呢？对此，有专家总结出以下几点原因：

1. 贫血。心理学专家经过研究发现，因为人体内的红细胞的主要功能是携带氧气，而贫血时血液中的含氧量会随之减少，呈现出低氧血症，从而导致组织和器官功能减退，就会形成异食癖。

2. 缺锌。锌是人体内非常重要的维持生理功能的微量元素，虽然它的含量比较少，但对生长发育起着非常重要的作用：参与味觉的形成；体内很多酶的代谢离不开锌；细胞的分裂、生长以及再生也不能缺少锌的参与。所以，如果体内缺少锌，就会引起很多器官和组织的生理功能异常，从而导致味觉、嗅觉以及视觉功能减退、生长发育迟缓、异食癖等。

3. 肠道寄生虫。人体内的肠道处会有蛔虫、钩虫等寄生虫寄生，从而引起感染等症状。比如，蛔虫分泌的毒素会刺激肠管；钩虫则会引起贫血，也会造成异食癖现象的发生。

其实，异食癖的危险不仅在于其行为本身，而且在于将异物吃下去不仅会对身体造成损害，还会引发各种疾病，从而影响生长发育等。那么，如何治疗异食癖呢？对此，有专家为我们提供以下几点建议：

1. 父母的关注和关心。作为父母要多关注孩子的身心健康，为他们提供全面的营养，并让其养成良好的饮食习惯，不挑食、不偏食。同时，父母要花时间与孩子玩耍、亲昵，不要让他们单独地待在某个环境中，以满足他们的情感和心理需求，避免他们朝着不正常的方向去寻求刺激和安慰。

2. **矫正不良习惯**。有心理学专家表示，异食癖是能够进行有效治疗的，关键是要矫正不良的习惯。如果身体中有寄生虫，则要及时驱虫；矫正贫血，进行补铁补锌；如果有不良的卫生习惯，则要及时纠正孩子，让他们自幼养成良好的习惯。

3. **及时寻求专业人士的帮助**。如果异食癖的情况比较严重，则需要及时寻求专业人士的帮助，带患者去看心理医生，并按照医生的建议服用适量的药物来改善情绪。

Part 2
情感中的怪癖：他们都是疯子和傻子吗

斯德哥尔摩效应：被驯化的爱

　　1973 年 8 月 23 日，在瑞典首都斯德哥尔摩市最大的一家银行中，当银行的工作人员正在忙碌地工作时，突然，有两名武装人员持枪闯入了银行，意图实施抢劫。附近的警察很快得知这一消息，并火速赶到了案发现场，没过多久，警方就将这家银行围得水泄不通，以全力逮捕罪犯。

　　由于劫匪的抢劫计划失败，他们便挟持了银行中的 4 名职员作为人质，与外面的警方展开对峙。起初，警方先让专业的谈判专家与劫匪进行谈判，可不管谈判人员如何劝说，他们都不愿投降，也不愿将人质放出来。后来，在警方与劫匪僵持了 130 个小时后，他们通过催泪瓦斯将劫匪逼了出来。最终，警方成功抓获这两名劫匪，并救出了 4 名人质。

　　后来，警方对这两名劫匪进行调查发现，他们都是有前科的罪犯。于是，警方决定收集证据将其绳之以法。可是，意想不到的事情发生了，在这起事件发生后的几个月，当警方进行调查时，那些被挟持的银行工作人员竟然非常不配合警方的工作，而且拒绝在法庭上指控那些劫匪。不仅如此，这些被挟持的人员对那两名劫匪非常怜悯和同情，声称不痛恨他们，并感谢他们对自己的照顾，甚至为劫匪筹措法庭辩护的资金。

　　更加让警方感到震惊的是，在这些被挟持的人员中，有一个女职员竟然喜欢上了其中一个劫匪。在对方服刑期间，她坚持要与其订婚。

　　这种奇怪的现象让瑞典各界人士大感不解：为何这些被挟持的人明明是受害者，他们的性命随时受到威胁，可他们不但不痛恨那些劫匪，反而对其心生怜悯之意，并且充满感激呢？于是，警方找来心理学家分析和解释这种怪异的现象。

心理学家经过研究分析，得出了这样的结论："人性能承受的恐惧有一条脆弱的底线。当人遇上了一个疯狂的杀手，杀手不讲理，随时要取他的命，人质就会把生命权渐渐托付给这个暴徒。时间拖久了，人质每吃一口饭、每喝一口水、每一次呼吸，都会觉得是暴徒对他的宽容和慈悲。对于绑架自己的暴徒，他的恐惧会先转化为对他的感激，然后变为一种崇拜，最后人质下意识地以为罪犯的安全就是自己的安全。"

这种现象被称为"斯德哥尔摩效应"，又被称为"斯德哥尔摩综合征""斯德哥尔摩症候群""人质情结"或"人质综合征"。它是指被害者对罪犯产生了情感，并且反过来帮助罪犯的一种情结。这种情感会让被害者对罪犯产生好感、依赖，甚至会主动帮助对方。正是由于这种心理上的依赖，他们的生死被罪犯所操控，如果罪犯让其活下来，他们就会心怀感激，并将自己的生死存亡与罪犯联系在一起，而将营救他们的人当成了敌人。

科学家经过研究发现，这种情感的结合代表着一种普遍的心理反应，而斯德哥尔摩效应常会发生在集中营的囚犯、战俘等受害者身上。那么，需要符合哪些条件才有可能产生斯德哥尔摩效应呢？对此，有专家总结出以下几个条件：

一是当受害者切实感到生命受到严重的威胁；二是受害者的信息来源被完全隔离和封锁，无法获得任何消息；三是罪犯一定会给受害者一些小恩小惠，这是最为关键的条件，比如在受害者感到绝望的情况下提供水或是食物等；四是让受害者确认自己没有任何方法可以逃脱。

在满足这些条件后，受害者往往会为了活命而本能地屈服于罪犯，并对其产生强烈的认同感，以他们的喜好为自己的喜好，以他们的厌恶为自己的厌恶，从而产生了斯德哥尔摩效应。

在日常生活中，有很多处于恋爱中的女性会陷入情感斯德哥尔摩效应中，虽然她们明知道对方对自己不好，而且比较自私自利，却始终无法离开对方，甚至还会想方设法与其结婚。其实，这些人就像是被绑架的人质一样，从而产生情感斯德哥尔摩效应。

毕业后的小蕊在一家公司上班，几个月后，公司一名男同事对她特别好，经常会给她买早餐，并且下班后将她送回家，这让小蕊很感动。没过多久，两个人就顺理成章地走到了一起。可是，当两人相处半年后，小蕊却得知，对方已经有家庭了。这让小蕊非常震惊，她竟然莫名其妙地"被小三"了。

可此时的小蕊却无法离开对方了，即使她已经知道事情的真相，知道对方是在玩弄自己的感情，而且那个男人与她的联系也越来越少，可小蕊却像着了魔似的疯狂地想着对方，无法放手，总是忍不住给对方发短信、打电话。

其实，小蕊就属于典型的情感斯德哥尔摩综合征。在她踏入社会没多久，男同事如同"罪犯"般控制了她的情感。而小蕊也将自己的全部交给对方，因为她认为男友对她很好，殊不知，这是男人追求女生的惯用技巧，可小蕊却因此而被感动，并从心底依赖对方。这是因为小蕊的情感完全被对方驯化了，一旦情感被驯化，她就难以离开那个驯化她的人。

心理学家经过研究发现，患有情感斯德哥尔摩综合征的女人的情感和思想会完全被对方操控，不管对方如何对她们，她们都不愿离开；她们会轻易被打动、很容易喜欢上一个人，不敢面对自己，更不懂如何独处；她们的价值构建和自信完全依赖对方，自我意识逐渐被弱化，即使忍受痛苦和折磨，也不愿主动结束这段关系。

另外，在斯德哥尔摩综合征的构成要素中，在爱情上有这样的条件：一是她们总是认为自己会失去爱情、被抛弃；二是朋友少之又少，拒绝或是没有新的爱情机会；三是对方会给予一些小恩小惠，比如买些小礼物、偶尔的关心等；四是对方就是自己的全部，没有了对方就没有了爱情和生活的意义。

　　对此，心理学家建议，对于处在情感斯德哥尔摩综合征中的人来说，最好的办法就是强大自己的内心，让自己不再孤独，才能有更好的生存状态。另外，也可以寻求专业的心理医生进行心理治疗，培养积极的心态，才能逐渐走出斯德哥尔摩综合征的怪圈。

恋丑癖："鲜花"为何要嫁"牛粪"

王威与李华都是学生会的风云人物，王威是学生会主席，不仅人长得阳光、帅气，而且身材修长，喜欢打篮球，每次他在篮球场上出现时，总是会引来很多女生在此围观，他是大多数女生心目中的"男神"；而李华也是学生会的，虽然人长得其貌不扬，个头也不高，但是比较有才气，他的文章经常发表在学校的报刊上，而且还曾获得过诗歌写作的奖项。

最近，他们两个人同时喜欢上文学院的一个名叫林菲的女生。这个女生长相甜美，而且学习成绩也很棒。当大家得知这一消息，都认为王威与林菲更般配，男帅女靓，是再好不过的一对了；而李华虽然有才，却逊于相貌和身高。换作谁，似乎都会选王威。

可不承想，大半年过去了，与林菲成双成对出入的却是李华，而且没过多久，两个人就公开了恋情。这让大家都傻眼了：这么一朵娇滴滴的鲜花竟然插在了"牛粪"上。

原来，帅气的王威虽然在心里喜欢林菲，但总以为像林菲这样的漂亮女孩有很多人去追，所以他并没有主动追求对方，而是退而求其次，与文学院另一个相貌一般的女孩走到了一起。而李华在追求林菲时虽然也曾打退堂鼓，但他却安慰自己，即使最终他们没有在一起，也没有关系，最起码要放手一搏。所以在追求林菲时他相当努力，对林菲软磨硬泡，在追了大半年后，最终抱得美人归。

在日常生活中，我们常常会看到"鲜花插在牛粪上"的现象：漂亮的女孩身边总是有着其貌不扬的男生，而且能力平常；而那些长相普通的女孩身边却总是有阳光帅气的男生与其相伴。这让人不禁发出这样的感慨：现如今的恋人都是"美女配青蛙、恐龙配帅哥"的标准吗？每当看到这种情况，都会让人感到非常不协调。

在电影《美丽心灵》中有这样一个片段：

在一个酒吧中，几个男生正在那里边喝酒边注视着身边走过的女生。正当他们闲聊时，发现有 4 个长相一般的女生与一个长相标致且衣着性感的美女走了进来，他们的目光顿时被这些女生所吸引，都在谈论着如何才能与她们喝一杯或是聊几句。

于是，主人公纳什就向他们支招如何才能讨好那些女生。他认为，如果几个男生都对那个长相标致且性感的美女发起攻势的话，这并不是最好的策略。因为当几个男生都在追求同一个女生时会互相牵制，到最后很有可能是"竹篮打水一场空"，每个人都不能如愿以偿。同时，几个男生在被那个美女拒绝后再去找其他 4 个长相一般的女生攀谈，结果她们很有可能因为成为他人的"退而求其次"而不开心，所以她们也会不愿搭理那些男生。

因此，纳什提议，为了能够增加胜算，几个男生不要去找那个标致的美女攀谈，而是直接去找其他 4 个长相一般的女生。

为何会出现这种现象呢？其实，这种现象可以用 ABCD 男女理论进行解释。一般来说，我们会把男女按照世俗的优秀标准划分为 ABCD 四等。从资源配置最优化的角度来看，肯定是 A 男与 A 女在一起、B 男与 B 女在一起、C 男与 C 女在一起，D 男与 D 女在一起，这样才能达到强强联合。

可是，我们需要考虑的是，有些男生有很强的控制欲或是大男子主义比较严重，抑或是缺乏自信心，所以，导致他们会选择较低一级的异性。在现实社会中，典型的配对就是：A 男与 B 女在一起、B 男与 C 女在一起、C 男与 D 女在一起，此时，最不可思议的现象就出现了：A 女（"鲜花"）与 D 男（"牛粪"）轮空！

这种现象的出现引发了两个最有可能的均衡：在某种特定的情况下，如果 A 女追求 D 男的话，必然会成功；而 D 男如果追求 A 女的话，虽然成功的概率非常小，但只要 D 男坚持不懈，相当努力地去追求，其成功的概率就会发生逆转。因为对于 D 男而言，他反正也没有人要，他追求 A 女的机会成本也接近无穷小，一旦成功的话，边际收益则是无穷大。所以，D 男可以长时间地运用软磨硬泡的手段来追求 A 女。

可这种情况却不会发生在 A 男身上，因为这样的机会成本他是难以接受的。而 A 女则在没有更好选择的情况下，并且随着年龄的逐渐增加等压力和"只要对自己好"的理念指导下，最终就有可能选择 D 男。

不过，这种分析却没有考虑一种极个别的情况，就是有"花心男"的存在。如果将"花心男"定为 A+ 男，他有众多的女性追求者，可他虽然符合优秀男的诸多标准，却没有意向与任何一个女生长久地在一起。因此，这种有经验而又比较了解女生的"花心男"在情场上则更加游刃有余。

一般来说，这类男人的典型做法是：起初，他们会装出"情圣"的样子，而让其他女生主动送上门，以为对方就是自己的理想对象，并表现自己的爱慕之意。可他们最终却会表露出自己不确定和不靠谱的一面，让那些女生接受这样的结果并伤心离开。由于女生的情感比较脆弱，当她们被抛弃后，就会去选择那些无人问津的 D 男，于是，"鲜花插牛粪"的现象就产生了。

一般来说，作为"鲜花"的美女是不会追求他人的，所以，"鲜花"往往丧失获得相对较优的 A 男、B 男或 C 男的追求机会，而极有可能获得来自 A+ 男和 D 男的追求机会，从而限制了"鲜花"的选择范围，导致其产生两极化的心理——开心接受 A+ 男的追求，从而产生"我身边就应该有这种优质男陪伴"的心理；可结果被 A+ 男抛弃，继而产生"男人没有一个好东西"的心理。最终，"鲜花"就会伤心地将自己插在"牛粪"上。

　　所以，有心理学家表示，只有"鲜花"明白其中的道理，从自身的实际出发，尽可能掌握对方更多的信息，才能进行自我破解，否则很难走出"鲜花插牛粪"的困境。不过，换个角度来看，有时候"鲜花"嫁给"牛粪"未必是最差的策略，毕竟"牛粪"比较靠得住，总比那些"花心男"好多了。

吊桥理论：危险环境可以催生爱情

1974 年，著名的心理学家阿瑟·阿伦做了这样一个实验：他邀请一位漂亮的女生作为助手，并与她一起来到了温哥华的卡皮诺拉吊桥上。这座吊桥长 137 米，宽 1.5 米，与地面相距 70 米，仅仅凭借两条粗麻绳悬挂在卡皮诺拉河河谷上空。然后心理学家要求漂亮的助手站在摇摇晃晃的吊桥中间，让她装扮成一名调查员，在摇摆的吊桥上寻找一些没有女性陪同的男士参加实验。

首先，那位漂亮的助手会给那些同意参加实验的单身男性一份比较简短的调查问卷，并向他们讲述此项实验的目的就是了解一下他们对问卷上问题的看法。但实际上，这是心理学家所释放的烟幕弹，为了避免有人猜到这个实验的真实目的。

其次，女助手与那些参加调查的男士进行不同方式的聊天，让他们为一张照片编出一个故事。最后，每个参加实验的男士都获得了那位漂亮助手的电话号码。

做完这个实验后，他们又在另一座横跨一条小溪且比较坚固而低矮的石桥上进行实验。心理学家想知道，在不同的环境下，男士们会编出怎样的故事呢？谁又会在实验结束后打电话给漂亮的女助手呢？

实验结果显示：在卡皮诺拉吊桥上，参与实验的男性大概有一多半的人在调查结束后会打电话给女助手，而在那座坚固而低矮的小石桥上做完实验后，16 位参加实验的男性仅有 2 位打给了助手。另外，在吊桥上的男性所编的故事往往比石桥上的更富有爱情的色彩。

为何会产生这样的现象呢？阿瑟·阿伦通过分析指出，在卡皮诺拉吊桥上的男士之所以会给女助手打电话，是因为在经过左右摇摆的悬空吊桥时产生了紧张、焦虑、害怕等情绪，这种情绪与我们在恋爱时的感觉是一模一样的，而那些参加实验的男士将这两种不同的心跳加速混为一谈。所以，在危险刺激的环境下，爱情的火花更易被点燃。

这种观点就被称为恋爱的吊桥理论，是指当一个人心惊胆战地走过吊桥时会心跳加快，而在此时恰好遇到一位异性，那么他就会误以为自己对这个异性产生心动，从而对其产生情感。这是因为情绪受到了行为的影响，身处于危险的境地中，人们会不由自主地心跳加快，却误以为这种心跳加快是对方让自己心动而产生的生理反应，所以会对对方迸发出爱情的火花。

阿瑟·阿伦还指出，爱情的实质就是心理机制与生理机制共同作用的结果。当我们面对心仪的对象时往往会出现呼吸急促、心跳加速、供血紧张等情况，这是内心紧张而产生的正常生理反应。久而久之，出现这种生理反应我们就会以为这是"爱情"的来临，把心跳当成了心动。

当时，阿瑟·阿伦的这个理论对美国人的恋爱手段产生了巨大的影响，很多情侣都去卡皮诺拉吊桥追求心动的感觉。而那些不愿出远门的情侣则会选择坐云霄飞车，似乎也会产生相同的效果。不仅如此，有些情侣还会选择去看恐怖片，而精明的好莱坞片商便会在情人节推出恐怖片来满足他们的需求。所以，在当时"情人节看恐怖片"一度成为美国年轻情侣的一种时尚。

在钱锺书先生的小说《围城》中有这样一个情节：主人公方鸿渐与几个人经过一座不断摇晃且没有扶手的桥，当时的他吓得要命，每走一步都相当小心。这时与他同行的孙柔嘉见此，温柔地对他说："方先生怕吗？我倒不在乎。要不要我走在前面？你跟着我走，免得你望出去空荡荡的，愈觉得这桥走不完，胆子愈小。"听到对方这样一席话，方鸿渐顿时对她产生了好感，觉得"汗毛孔的折叠里都给她温存到"。

吊桥理论不仅在小说中有所体现，在电影中这种桥段也经常被使用。

比如，在电影《生死时速》中，退休警官培恩因为不满政府的退休政策而产生报复的心理，他将巡逻警察杀死后，在电梯中放置了炸弹，并绑架了十几个人作为人质，以此索要 100 万赎金。特警杰克机智而勇敢地将炸弹排除了，并在千钧一发之际将人质都救了出来。

可是，狡猾的培恩却趁机逃脱了。虽然特警杰克因为这次行动而受到警方的嘉奖，但培恩接着展开了他的报复计划。他在一辆巴士上安装了定时炸弹，并打电话告诉特警杰克这件事。另外，他还告诉杰克，如果车子的时速一旦超过 80 公里，就不能再减速，否则就会引发爆炸。

杰克得知这个情况，想尽办法上了这辆车，可此时，巴士的时速已经超过了 80 公里。在混乱中，巴士司机受了伤，导致他无法开车，而乘客安妮勇敢地充当了驾驶员。他们一路上历经堵车、无路等惊险的状况，最终都没有将车减速，而且将这辆车转移到了一条还没有启用的公路上。

此时，巴士上的炸弹离爆炸时间越来越近，杰克想要冒险将炸弹拆除，虽然没有成功，却意外地发现车上的监控设备。于是他让新闻车将信号截断，并不断重播一些假图像，以此争取更多的时间来转移车上的乘客。后来，杰克通过一辆并行的巴士，将车上所有的乘客都安全转移了。不过，培恩很快就识破了杰克用假图像的手段，并将炸弹引爆了。但幸运的是，杰克与所有乘客已经安全脱身。

后来，培恩在警察的重重包围下取走了赎金，还绑架了安妮。当杰克去追培恩时，发现安妮在他手上，但她的全身被绑满了炸药。培恩逃进了地铁，将地铁司机杀死。在地铁上方，杰克与培恩进行一番生死打斗，最终将培恩打败。杰克终于将安妮救出来了，可地铁却失去了控制。杰克急中生智将地铁驶出了轨道，最终它因为冲出地面而停下来。

当杰克与安妮经历了种种危机和磨难而逃脱死神的魔掌时，他们二人由陌生变得心心相印，最后，两个人忘情地拥吻在一起。

　　不可否认，杰克与安妮正是因为身处于吊桥般的险境而"误擦"出爱的火花。如果我们倾心某个异性，不妨也约对方去看看恐怖电影或是去吊桥之类的地方，制造一场由"误擦"而产生的爱情吧。

恋母癖：俄狄浦斯情结式的爱情

　　明宪宗朱见深与万贵妃的恋情最让人津津乐道的便是他们的年龄差了，万贵妃足足比明宪宗大了 17 岁，而按照当时明朝的情况，万贵妃的年龄都可以做明宪宗的母亲了。可是，两个人虽然相差近 20 岁，明宪宗却对这位万贵妃相当着迷。

　　万贵妃的名字叫万贞儿，家境贫寒，在她 4 岁时就被送到宫中当宫女。在她 19 岁的时候，明英宗被瓦剌俘获了，所以明代宗就做了皇帝。但此时明英宗年仅两岁的儿子——皇太子朱见深的处境却非常艰难，因为叔叔当了皇上，自然想立自己的儿子为太子，所以将朱见深视为眼中钉。太后非常担心孙子的生活起居，便让宫女万贞儿来照顾太子。孤苦无依的朱见深将万贞儿当成自己的依靠，凡事都不离开她。

　　后来，明英宗重登皇位。明英宗去世后，年仅 18 岁的皇太子朱见深当上了皇帝，成为宪宗。当上皇帝后，他首先要做的事就是封心爱的万贞儿为皇后。可是，这一提议遭到众多大臣的反对，因为万贞儿身份卑微，而且年龄也比较大，此时的她已经 35 岁了。所以，明宪宗只好将她封为贵妃。虽然万贞儿芳华不再，但明宪宗对她的感情却丝毫不减，两人仍然像以前那样如胶似漆、形影不离。

　　虽然在后宫中有皇后，但大家都知道真正的主人其实就是万贞儿。由于明宪宗非常宠爱万贞儿，所以她飞扬跋扈，连皇后也不放在眼里。这让皇后很生气，便对万贵妃用刑以惩罚她。当宪宗知道这个消息后，竟然不顾太后和群臣的反对，直接将皇后废掉了。

两年后，万贵妃终于生下皇长子，这让明宪宗相当开心，立刻封万贞儿为皇贵妃，并声称要立这个孩子为太子。可不承想，这个孩子却在一年后夭折了。而此时的万贵妃已经 37 岁了，由于年龄比较大，不管皇帝如何宠幸她，她都没有再诞下皇子。这让万贵妃的心理变得越来越畸形和变态，因为自己生不了孩子，她也见不得其他妃子生孩子。于是，她在后宫中进行大肆的迫害和残杀，导致很多有孕的妃子都惨死在她的手中。

尽管这样，如此狠毒的万贵妃却依然受到明宪宗的宠爱，而且直到死她都是明宪宗最宠爱的女人。在万贵妃 58 岁去世时，明宪宗相当悲痛，痛哭道："万妃长去，吾亦安能久矣！"果然，没过多久，年仅 41 岁的明宪宗就去世了。

为何明宪宗不喜欢后宫中那些年轻貌美的妃子，而偏偏迷恋心狠手辣而又年老色衰的万贵妃呢？这是因为明宪宗有很深的恋母情结。恋母情结又被称为俄狄浦斯情结、伊底庇斯情结。通俗来说，就是指人的一种心理倾向，喜欢与母亲在一起的感觉。恋母情结并不是爱情，大多是产生于对母亲的一种欣赏和敬仰。这是一种普遍的社会现象，男人、女人都可能有恋母情结。大多数人都会在某个年龄段或多或少存在恋母情结，尤其是在儿童时期，几乎所有人都有恋母情结。

而明宪宗朱见深之所以会有如此强烈的恋母情结，会如此沉迷于万贵妃，是因为在他年幼时历经坎坷，在最需要保护和陪伴时是万贞儿一直在他身边鼓励他、保护他：尚在襁褓之中，父亲就被瓦剌军俘虏；从皇太子的位置上被废黜为沂王；父母被囚禁，一直不在自己身边……这使他在很长一段时间中都过着胆战心惊、暗淡无光的生活。可在此时，万贞儿一直陪伴着他，从而让他对万贞儿的依恋深深地扎根在心底。

恋母情结这个名词来源于希腊神话王子俄狄浦斯的故事，他在不知情的情况下杀死了自己的父亲，并娶了母亲。这个现象最早是弗洛伊德在神经症患者的身上发现的，患者往往会对父亲或是母亲有着强烈的妒忌心理，从而会表现出很强的破坏力，并对人格的形成和人际关系产生永久性的困扰和影响。弗洛伊德因为经常在神经症患者的身上观察到这种现象，所以，他假定这个现象是一种普遍的现象。

有心理学家指出，恋母情结的本质是相似和互补的。比如，男孩与父亲是同一性别，所以是相似的，由于相似会引起认同，导致男孩会以父亲为榜样，并向他学习，吸收其心理特点和品质，从而成为自己心理特征的一部分；而男孩与母亲是不同性别，二者可以互补，取长补短，即为恋爱对象。因此，男孩与父母就形成了最基本的人际关系，这种关系可以用"恋母仿父"来概括。父亲爱母亲，男孩就会模仿父亲，也越来越爱母亲；母亲爱父亲，男孩则为获得母亲的欢心，就会让自己变得越来越像父亲。

可以说，各种人际关系都是恋母情结的变形。因此，有心理学家将恋母情结及其变化进行了编码和划分：当人在 3～6 岁时所出现的恋母情结为第一恋母情结；进入青春期后则出现第二恋母情结，此时的对象不再是父母，而是其他长者，比如父母的朋友、老师、名人等，相似的表现则会是认同、模仿、崇拜对方，互补的表现则是会爱上比自己年纪大很多的异性；随着年龄的增长，恋母情结的对象逐渐年轻化，开始与同龄人形成友谊和相爱，从而有了真正意义的友情和爱情，即为第三恋母情结。

在现实生活中，很多人都否认自己有恋母情结，这是因为他们没有发现自己的恋母情结。按照弗洛伊德的说法，这是由于压抑的结果，没有发现不能作为不存在的依据。一般来说，恋母情结会对人产生很大的影响。

1. 缺乏自主意识。 如果男性有恋母情结，他们往往会没有主见，而且缺乏进取精神，因为他们非常害怕失去母亲的爱，所以总是在一旁观察母亲的脸色，而抑制自己的想法，总是为了讨好母亲而生活。在进入社会后，这类人往往比较懦弱，缺乏自主意识，所以在事业上很难独当一面。

2. 夫妻关系不融洽。 如果男性有恋母情结，他们与妻子的关系往往不融洽，因为当他们听到妻子说他们母亲的坏话时就会无法忍受，甚至会产生一种罪恶感。因此，他们会与妻子发生争执，从而导致两人的关系出现裂痕，最后有可能以离婚而告终。

3.习惯性获得。如果男性有恋母情结，他们往往习惯于获得，而不懂得主动帮助他人。比如，一个小伙子的母亲生病住院，当他去探望母亲时不仅没有给母亲买营养品，到了那里反而将他人给母亲买的东西都吃完了，然后就在母亲的病床上呼呼大睡。在这类人的心里，他们认为接受母亲的爱就是爱自己的母亲。

因此，心理学家建议，如果男性在成年后有恋母情结，首先，应该改变对母亲的态度，即不要将母亲当成自己撒娇的对象，而是将其作为被照顾的对象；其次，学会体贴和关心母亲，不要向母亲诉苦，而是多听母亲倾诉，多关心母亲的生活起居。这样才能更快地成长，克服恋母情结。

异性恐惧症：需要治疗的幸福

魏辰是一个初中生，性格比较内向，平日里不喜欢与同学一起玩耍，虽然成绩并不是很优秀，但她非常喜欢看书，没有课时就喜欢待在图书馆阅读。可最近，班主任发现魏辰经常旷课，起初，班主任以为她可能是太喜欢看书了，所以才没来上课。可后来发现，她最近都没有在图书馆中出现，而且每次都以身体不舒服为由请假，这让班主任开始起疑，因为魏辰看起来并无大碍，而且请假条上家长的签字也能看出来是伪造的。于是，班主任与魏辰的父母取得了联系。

魏辰的妈妈在整理女儿的房间时发现她的一本日记，日记中记载着她最近一段时间的心理感受："我的同桌是一名男生，长得阳光帅气，我很想主动与他说话，可不知为什么，每次想要与他说话时我都非常紧张，而且还会脸红、出汗，有时候手脚还有些颤抖，不知道手该放在哪里，眼睛该往哪里看，甚至紧张得说不出话。当他主动与我说话时，我内心其实是很开心的，很想与他聊天，可我总是隐藏自己的紧张而拒绝与他说话。所以，我内心相当矛盾，不知道该如何面对他，只好以身体不舒服为借口来逃避上课，逃避见到他。"

看到女儿的日记，妈妈才知她的内心如此备受煎熬，便立刻与女儿的班主任进行了沟通。班主任得知这个情况，建议魏辰的妈妈带着女儿去心理医生那里咨询一下。当魏辰在心理医生的劝导下，慢慢讲出自己的内心想法时，医生诊断出她的情况属于异性恐惧症。

何谓异性恐惧症？它是指患者一方面在潜意识中希望与异性接近，另一方面却因此产生严重的焦虑情绪，所以常常会在异性面前表现出异常的紧张、恐惧等症状，有的甚至还会产生异性关系妄想等心理症状。在日常生活中，尤其是处于青春期的孩子，很多都会像魏辰这样：不敢与异性有目光接触，也不敢与异性沟通、交流，如果与异性交谈的话，就会脸涨得通红，说话都说不清楚，而看到异性朝自己走过来时，则会感到非常紧张，而且还会流汗。因此，他们往往会为了逃避这种情况而不愿上学。

心理学家通过研究发现，异性恐惧症多发生在 14 ~ 17 岁这个年龄段，尤其多发生于女孩的身上。因为这个年龄段往往是她们升学最为紧张的时期，所以她们害怕有关性的妄想，害怕这种妄想会影响自己的学习，于是会极度压抑并抵制自己成熟的性本能，这些都会使她们背负沉重的精神负担。理性与本能的矛盾、性妄想与性禁忌的冲突，导致心理旋涡反复出现，从而消耗着她们的心理能量，一旦超过心理承受限度，最终会激发她们对异性的恐惧症。

一般来说，异性恐惧症的表现有：与异性交往时会非常紧张，当异性主动与患者交往时，他们会因为掩饰自己的紧张而拒绝交往；只要与异性交往，他们就不知道把手放在哪里、眼睛看向哪里、非常在乎自己的形象；与异性相处时，他们总是会产生一些古怪的想法：对方喜欢自己或讨厌自己等；与异性相处时，他们害怕对方会对自己做出什么事情，极度没有安全感。

为何会出现这种现象呢？心理学家分析，这主要是因为自我强迫症，当异性恐惧症患者看到异性时会强迫自己不去看对方，从而会引起内心的冲突或是因为强迫而产生一些古怪的想法。当他们拼命想要控制时，却发现很难控制。

在童年和少年时期，异性恐惧症往往会被看成是害羞、老实，但有的孩子会因为思维方式的成熟和社会经历的增加而摆脱那份害羞，所以，就不会出现这种症状；而有的孩子却因此越来越敏感、自卑，最终发展为异性恐惧症。心理学家表示，这种现象是一种心理倒错，对于患者来说，他们恐惧的并不是外在的性对象，而是个人内心的性妄想。一般来说，这种倒错先是会从视线中表露出来，不敢与异性目光接触。而对于青春期的女孩来说，她们对男生的误解是想象的事实，而不是真正的事实，这是她们的妄想带来的感觉倒错。

正常情况下，异性之间是一种相互吸引的人际关系，是一种正常的交流和沟通。那么，如果出现这种问题和症状，应该如何克服和治疗呢？对此，有心理学家提出以下几点建议：

1. 多与异性接触。如果与异性接触的机会比较少，就会越缺少接触的经验；越缺少这种经验，就越会感到不知所措；越不知所措，越感到恐怖。如果是因为接触的机会太少，则要增加与异性接触的机会，从而避免形成恶性循环。比如，案例中的魏辰由于父母管教比较严，平时几乎不与异性接触，所以，久而久之就出现了这种现象。

2. 妥善处理与异性交往时所遭遇的心理挫折。有的人在与异性交往时可能遭遇过被嘲笑、被冷落等挫折，这导致他们产生心理上的反感，从而害怕与异性交往。如果是这种情况，应该让他们认识到，不能以偏概全，不能因为遭到一些人的嘲讽，就认为所有人都在议论自己，更不要否定自己与异性交往的能力。

3. 正确的引导和启发。对于处在青春期中的少男少女来说，对异性萌生兴趣是一种很正常的现象，而且也会因此对性有所关注和探索。可很多家庭的教育都采用比较封闭的管理方式，导致他们很少得到正确的指导和启发，从而产生不少困惑。有的人会因为年龄的增长和知识的积累而解除这种困惑，但有的人却无法走出这种困惑，并长久地保持下来，从而形成了性心理症。

对此，专家建议，应该给青春期的少男少女们以正确的引导和启发，多

与孩子进行情感的交流和沟通，引导他们与异性进行正常交往，而不要谈
"性"色变。另外，如果孩子的异性恐惧症比较严重，则可以在医生的建议
下服用相应的药物进行治疗。

肢体接触恐惧症：只能深情地望着你

在热播电视剧《欢乐颂》中，最令女性羡慕的人物就要数安迪了，在商场上，她是如此精明能干，能力超群，做事雷厉风行，再大的问题在她手上总是被一一化解。可是，唯一让观众不解的是，安迪在生活中很害怕与人发生肢体接触。

当安迪给好友曲筱绡解决了工作上的难题时，曲筱绡心存感激，性格奔放的小曲想要给安迪一个大大的拥抱。可是，当小曲穿着高跟鞋飞奔过去拥抱安迪时，安迪却本能地躲开了，导致曲筱绡一个趔趄摔倒在地。当男友魏渭想要从后面搂住她的肩膀时，却被她直接掀翻在地上。不仅如此，她从来不会与任何人握手。只要与他人接触，她就会感到浑身不自在，即使是男女朋友之间正常的拥抱和接吻，也让她害怕不已。

安迪为何会出现这种情况呢？这与她的童年经历有关。安迪的童年相当不幸，母亲患有遗传性精神病，后来因病去世了，而父亲与外公却相继远走他乡，她和弟弟则被送到了福利院中，这让安迪从小就失去了家人的关心和照顾。后来，有一对美国的夫妇收养了安迪，并带她去了美国。可是没有人教她如何与人正常地交往，在同学们的眼中，她就是一个怪人。所以安迪与人交往时总是保持距离，特别是肢体距离。虽然她非常热心地帮助朋友并为他们解决困难，却不敢承受他们的一个拥抱。

安迪严重缺乏安全感，导致她在肢体上对其他人有着本能的排斥。在心理学上，这种现象被称为肢体接触恐惧症。何谓肢体接触恐惧症？是指在日常生活中害怕与其他人接触，在接触时会让自己感到很不舒服的一种症状。

心理学家经过研究发现，肢体接触恐惧症发生的原因主要分为先天性和后天性，先天性是因为遗传因素导致的，而后天性则是因为受到强大的精神刺激。但有些原因患者自己可能都不知道，可能是在童年时遭遇过性侵犯或是看到他人遭遇过性侵犯，但由于年龄比较小，所以往往记不清楚了。像案例中的安迪就是这样，她曾对男友说"在5岁以前的事，我都不记得了"。由于童年的经历让她缺乏安全感，所以在肢体接触上，她会本能地排斥。

另外，性格原因也会导致这种病症的产生。有些人的性格比较谨慎、认真、细心、过分关注细节，总是追求十全十美，而且做事过于刻板等，就会出现一定程度的强迫人格，进而诱发肢体接触恐惧。

那么，如何克服对亲密关系的恐惧，治疗肢体接触恐惧症呢？对此，有专家提出以下几点建议：

1. 先循序渐进地建立亲密关系。对于肢体接触恐惧症患者来说，如果他们很难做到拥抱和亲吻等亲密接触，不妨从触碰开始做起，比如握握手、拍拍肩膀等，使其渐渐地熟悉这种亲密关系。起初，安迪虽然对男友魏渭相当抵触，可在男友的引导下，她从开始的拒绝到后来的敞开心扉。不过到了最后，虽然魏渭没有成功，但剧中另一人物小包总却用各种方式和巧合，让安迪最终克服了肢体接触恐惧症。

2. 有意识地让自己的心态变得平和一些。对于肢体接触恐惧症的患者来说，他们会因为各种经历而影响自己的心态，所以，专家建议可以有意识地让自己的心态变得平和一些。比如在家中养一些小宠物，享受那份亲密；亲手做一些手工艺术品送给他人等。

3. 及时咨询心理医生。如果肢体接触恐惧症严重影响了我们的生活，并让我们感到痛苦不堪，自己无法调整过来，就要及时地咨询心理医生，让医生通过专业的手段来帮助我们摆脱痛苦。

Part 3

性心理怪癖：无法言说的心理障碍

恋物癖：对某些物体有特殊的情结

在李杰小时候，他的爸爸因为交通事故去世了，所以他与妈妈、姐姐相依为命。而因为经历了这场变故，李杰变得有些沉默寡言，平时与家人交流不多，与外面的人接触也很少。另外，由于妈妈对他比较严厉，导致李杰变得越来越内向。

在李杰十几岁的时候，有一天姐姐带着几个朋友在家中聚会，当她们在房间换衣服时，李杰正好从门口经过，透过门缝他看到了几个女生的内衣。当时，他的内心有一种说不出来的异样感，所以他禁不住趴在门口一直盯着她们换衣服。

在这之后，李杰总是喜欢偷偷地跑到姐姐的房间中去拿她的内衣在手中玩，每次在玩内衣时，他都能获得一种满足感。起初，他并没有感到有什么不对劲儿。可后来，他的这种状况越来越严重，他开始偷各式各样的女士内衣。有一次，他去同学家中做客时发现阳台上晾有女士的内衣，竟然将其偷回家。不仅如此，在上寄宿学校后，他经常会溜到女生宿舍晾衣服的地方，偷拿各种内衣。

在一次偷拿女生内衣的时候，正好被一个女生撞到，这让李杰尴尬不已，恨不得立刻消失。此后，大家都知道原来李杰就是那个偷内衣的人，再见到他时都对其指指点点，这让李杰变得更加沉默寡言。由于承受不住同学对他的议论，李杰最后只好退学。

此时，家里人才知道他问题的严重性，并立即带他去看心理医生。当医生了解情况后告诉李杰的家人，他的这种情况属于恋物癖，是对异性肉体的原始欲望和渴求所导致的，根本原因是由于他从小与女性生活在一起，从而产生了性意识混乱。

在日常生活中，恋物癖是一种很常见的心理疾病，是指将某些没有生命的物体作为性唤起和性满足的刺激物，并且会将它们当作唯一或是偏爱的性刺激手段。一般来说，这些刺激物大多是女性的内衣、袜子、鞋子等，而且是使用过的。心理学家表示，这种情结往往与人的幼年经历有很大的关系，如果孩子在幼年时缺乏安全感，并有自闭、畏缩等倾向，久而久之就会产生占有欲和控制欲。据研究发现，一些恋物癖患者在幼年时就会习惯抱着母亲的衣物睡觉，否则就无法入眠，如果不及时纠正这种情况，随着时间的推移，就会形成恋物癖。

恋物癖以男性为主，他们往往会通过与异性所穿戴的物品相接触，从而引起性冲动和性满足。一般来说，这些物品大多是与女性身体相接触的，比如内衣、袜子等。另外，很多恋物癖患者对异性使用过的物品有比较特殊的兴趣，所以，他们不会去购买这些东西，而是通过盗窃来获得。

经过研究发现，恋物癖的形成有 4 种原因：

1. 心理异常。很多恋物癖患者都是性心理异常而引起的，在他们的潜意识中会非常担心自己的性器官，所以促使他们去寻找比较安全且容易获得的性行为对象，比如将异性身体的某个部分及其饰物当成性行为对象，从而缓解内心的不安。

2. 环境影响。有些恋物癖患者之所以出现这种病症，是受到环境的影响，或是与性经历有关。当他们最初出现性兴奋时，可能与某种物品偶然联系在一起，反复几次后就会形成条件反射。有时候，甚至只要有一次就会产生深刻的印象，从而在心理上留下阴影。一般来说，这种情况多发生在青春期。比如，当一个正处于青春期的男孩躺在草坪上时，旁边一个风姿绰约的女子不小心将一只脚放在他的身上，这个偶然动作就会激发男孩的性欲，从而导致男孩发展成为一个恋足癖。

3. 缺乏性知识。有心理学家分析，有些恋物癖患者缺乏性知识、性意识方面存在某些误区，从而形成恋物癖。

4. 社会影响。研究发现，很多恋物癖患者出现在青少年群体中，并且以初高中阶段的男性青少年为主。因为在这个阶段，男女之间接触得比较少，尤其是在初中，男女生都不怎么讲话，这使他们会将自己的性冲动向异性的象征物进行发泄。起初，这些行为都是偶然的，性兴奋的产生也是偶然的，但反复几次之后，便会形成一种习惯。

心理学家表示，恋物癖对于患者往往有很大的影响，它不仅会影响患者的心理健康，还会对其生活产生影响。所以，对于对恋物癖患者来说，当发现自己患有这种病症时要及时进行治疗。那么，如何矫正和治疗恋物癖呢？对此，有专家提出以下几种方法：

1. 与孩子分离时要安抚好他们。对于很多年幼的孩子来说，他们非常害怕黑暗，但有些父母会硬性地将自己与孩子分开，这对孩子来说是一件难以接受的事情，所以致使很多幼儿在睡前处于恐惧不安的状态中，久而久之就会患上恋物癖，例如，必须抱着母亲的衣服才能入睡。如果父母与孩子分离时能够安抚好他们，比如在孩子床前多陪伴他们一会儿，给他们读童话故事或是唱首摇篮曲等，在孩子睡着后再离开，就会让其摆脱对某种物品的依恋，从而走出"恋物癖"的怪圈。

2. 心理治疗。当恋物癖患者对某种物品产生冲动时，不妨给自己一个强烈的刺激，比如在手腕上随时戴一个橡皮圈，产生冲动时就用其弹击手腕，让自己感到疼痛，从而控制欲念，直到这种现象消失为止。另外，在心理医生的指导下，全面地了解恋物癖，以对自己的病症有正确的认识，从而增强治疗的决心和信心，最终达到治愈的目的。

3. 药物治疗。对于比较严重的恋物癖患者来说，在医生的建议下可以服用适量药物，以抑制性欲冲动。

异装癖：用衣服穿出另一种性别

叶子和男友是经朋友介绍认识的，刚开始见到对方时，叶子就心动了，因为他长得高大帅气，而且很有礼貌，对叶子也很温柔体贴，所以，见了几次面后，叶子便与他谈起了恋爱。可不承想，在他们相处一年半之后，叶子却发现了男友的特殊癖好。

有一次，叶子去男友的家中为他收拾房间，但在他的卧室中却发现很多女人的衣服，还有女性的化妆品。这让叶子大为生气，以为男友背着她与另外一个女生交往。于是，当男友回来的时候，她质问男友家中为何有女人的衣服。可谁知，男友见到那些女装，不仅没有东窗事发的紧张，而是眼睛发亮，温柔地拿起那些衣服说："这些都是我的宝贝，当然会在我的家中出现了。"

说完，他直接将自己的男装脱了下来，换上那些女装，一边穿还一边对叶子说："等我穿完了，你就会发现我的美。"然后，他自顾自在镜子前面美滋滋地穿着，而且脸上显现出一种强烈的满足感。这让叶子相当震惊，原来男友竟然有这种癖好。

之后，男友还会拿叶子的衣服来穿，即使穿上去极为不匹配，他却乐此不疲，感到很满足。不仅如此，有时候男友还会让叶子陪着他去买大码的女装，并声称要穿着这些衣服与叶子约会、看电影。这让叶子既感到难堪，又难以接受，但她不知道该怎么办，不知道如何才能帮助男友。

其实，叶子男友的这种行为属于异装癖。它又被称为异性装扮癖，是指通过穿异性服装而获得性兴奋的一种性变态形式。一般来说，患者都是异性恋，但有些同性恋也有异装癖，以男性为主。心理学家表示，异装癖患者往往是从青春期就开始喜欢穿异性的服装，起初，他们会在家中穿一两件异性的服装，并且会在镜子前自我欣赏，但后来逐渐会发展成穿着异性的服装大摇大摆地出入公众场合，并且有的衣服会比女性还要讲究，还会使用女性的化妆品等，从中获得满足感或是出现性冲动。

当然，女性也会患有异装癖，她们可能会觉得穿男装比较舒服，而且符合自己的个性，所以总是喜欢穿着男装。起初，她们会穿比较中性化的衣服，但后来就慢慢尝试穿男装。在此过程中，为了穿着更好看，她们开始出现束胸等行为，后来甚至会将头发剪成男士发型，此时的她们会非常讨厌女性的衣服。

不过，在日常生活中，有些女性比较喜欢穿男性服装，这并不能说明她们患有异装癖。如果达到束胸、剪男士发型、对女装心生抵触的程度，则是异装癖。

那么，为何会出现这种现象呢？对此，有心理学家总结出以下几个原因：

1. 生理原因。有些异装癖患者因为自身先天生理缺陷或是后天机能的障碍，导致他们尝试扮演异性的角色，抑或是偶然受到了异性服装的视觉或是触觉的刺激，从而让其选择穿异性的服装，并从中获得身心的满足感和快感。

2. 心理原因。有些异装癖患者会对两性关系产生害怕和担心的心理，所以他们如果不穿异性的服装就会出现性功能障碍。而通过异性的装扮则能缓解患者潜意识中对性活动的紧张、害怕情绪。

3. 家庭原因。如果患者的父母本来想要女孩，结果却生了男孩，或是相反的情况，想要女孩却生了男孩。为了弥补内心的缺憾，他们会将孩子打扮成异性，并给孩子更多的关心和爱抚。另外，有些家长会受到封建迷信的影响，为了保护孩子的平安，特意将孩子打扮成异性的形象，并为其取异性的名字。比如叶子后来得知，男友之所以这样，就是因为他的父母喜欢女孩，结果却生了他们兄弟三人，所以他总是被父母当作女孩养，在他很小的时候，父母常常给他买女性的衣服。

4. 不当的引导。有些父母认为女孩子比较温顺、听话，所以在教育孩子的时候，总是拿邻居家的女孩子作为榜样来引导男孩。久而久之，导致孩子在青少年时期缺乏正常的社会交往，异性化的气质和性格也越来越明显。

一般来说，异装癖是不会危害社会或是其他人的，只是他们的行为有伤风化，而且对其自身心理也会产生不良的影响。所以，在儿童或是青少年时期，如果发现他们有异装癖时要及时地采取防范措施和治疗的方法，以控制和纠正其异常的行为。那么，具体方法有哪些呢？对此，有专家提出以下几点建议：

1. 积极鼓励，及时治疗。如果患者是在儿童或是青少年时期出现了异装癖的症状，父母要及时地鼓励他们积极地参加集体活动，以培养他们的自信心，减少他们对性别期待的压力。如果情况比较严重，则及时带他们去治疗，才能控制病情的发展，从而改变其异常行为。

2. 通过恋爱、结婚进行治疗。专家建议，当患者在成年后患有异装癖时，可以在恋人或是爱人的帮助下，控制和纠正他们的异常行为。比如通过鼓励、爱抚等方式帮助对方减轻、消除焦虑情绪，缓解压力，从而逐步克服性功能障碍。

3. 厌恶治疗法。当患者穿着异性的服装时，专业人士可以给予他们疼痛性的刺激或心理打击，以让他们改变异常的行为。

恋童癖：行走在病与罪之间

2005 年在美国上映的电影《水果硬糖》，讲述了艾伦·佩姬饰演的 14 岁的天才少女海莉对帕特里克·威尔森饰演的恋童者进行的一系列报复的故事。影片的海报相当扎眼，穿着红色连帽外套的小女孩孤零零地站在利器做成的陷阱中，就像是等待大灰狼进入圈套的小红帽。

14 岁的少女海莉天真可爱，一副稚气未脱的样子，言语间却透露出精明。她在网上认识了一位中年摄影大叔杰夫，两人在网上约好在一家咖啡店见面。这位大叔虽然人到中年，但相当温柔体贴，见面后，他与海莉不断地暧昧互动着。随后，海莉主动提出去杰夫的家中，让其为她拍摄照片，杰夫非常开心，开车将她载到家中。

杰夫的家就是他的摄影工作室，房间内的设计和墙上的一些照片都让画面充斥着躁动的情绪。当杰夫递给海莉酒时，海莉却表示大人告诉她不能喝他人调制的饮品，并示意自己要亲手调制。随后，两个人边喝酒边愉快地聊天，聊着聊着，杰夫便晕睡了过去。

可是，当杰夫醒来的时候发现，他被绑在椅子上，而海莉则是有备而来，她是为朋友唐娜来报仇的，并且是来惩罚在网络上勾引未成年少女的恋童者！而杰夫的家中确实有很多未成年少女的照片，他不知该如何解释。接着，海莉找出越来越多他恋童的证据，可杰夫却矢口否认，并为了掩盖自己的罪行不断地进行反抗，可最终还是被海莉制服了。

当他再次醒来的时候，发现自己被绑在桌子上，下体放着一袋冰块。这让杰夫相当恐惧，他意识到海莉的意图，于是他拼命地反抗。在反抗的同时，两个人开始斗智斗勇。最终，海莉一点点摧毁了杰夫的心理防线。

最后，海莉给杰夫两个选择：一个是自己在离开后报警揭发他；另一个则是他自杀，但她会将所有的证据都毁掉以保护他的名声。这让杰夫的内心濒临崩溃的边缘，可后来他再次逃脱了，跑到了楼顶。

于是，海莉拿着杰夫家中的枪追到了楼顶，并逼着他就范。同时，她还逼迫杰夫从楼顶跳下去，否则就会将所有的事情告诉他心爱的女友，并让她看到杰夫丑陋的一面。此时，杰夫的心理防线终于崩塌了，他不想在心爱的人面前暴露出自己肮脏丑恶的一面，所以他妥协了。

不过，电影在最后却留下了很大的疑问，比如海莉的好友唐娜为何会遭到奸杀？如何肯定杰夫就是凶手？不过，能够肯定的是，杰夫的确是一个恋童者，而他所犯下的罪行却让他不惜用生命来掩盖。

何谓恋童癖？它是指以儿童为对象而获得性满足的一种性变态。这种性变态行为的患者以男性居多，受害者大多是青春期的女孩或男孩，也有 3 岁以下的幼儿。恋童癖产生于 19 世纪末，是在西方的舆论中出现的。在中国，猥亵儿童罪是指猥亵不满 14 周岁的儿童的行为，其行为既可以是强制性的，也可以是非强制的。可是，很多中国家长对恋童癖问题的严重程度认识上有明显的不足，总是将其他成年人对孩子的过分关注和喜爱当成是善意的、无害的，从而为恋童者提供了有利的作恶条件。

在中国古代，娈童则是恋童癖与同性恋的结合，而且恋童者大多数是男性。特别是在明朝、清朝，都有比较出名的"象姑馆"，这里的少年大都是家境贫困而在此当"男妓"，以供恋童者玩乐。古代有很多文人都有这种怪癖，比如明末清初散文家张岱称自己"好美婢娈童"、纪晓岚也在《阅微草堂笔记》中记载了很多关于恋童的故事。

一般来说，恋童癖患者对性成熟的人不感兴趣，只会对儿童有兴趣，并以满足性欲为目的。他们追求的是心理上的性满足和性快感，所以他们常常通过窥视或是玩弄儿童的生殖器以获得性满足。不过，随着接触的次数越来越多，心理满足就会演变成生理满足，即表现出性交要求、折磨儿童等。

另外，在恋童癖患者中，既有同性恋的倾向，也有异性恋的倾向，不过，他们两者存在很多区别。一般来说，有同性恋倾向的患者大多是已婚的，他们往往喜欢年龄更大一些的对象，比如 12～14 岁左右的孩子；而异性恋倾向的患者，则更喜欢 7～10 岁的儿童。

心理学家经过研究发现，男性恋童癖患者大多是在 30 岁以上，并且对成年人缺乏兴趣，他们的婚姻和性关系也存在问题，比如性生活常常感到沮丧、忧虑，无法得到性快感，这可能是恋童癖行为发生的主要动机。因为在与儿童发生性关系时，他们往往处在"主导""控制"的地位，会从中获得安全感和满足感。

恋童癖是如何产生呢？对此，有专家总结出以下几点原因：

1. 心理原因。一般来说，留恋童年时代，关注儿童、喜欢儿童，这本是一种正常而普遍的行为，其心理也是无可厚非。不过，如果这种行为和心理超过一定的限度，成为一种观念固定在大脑中，并控制人的行为，则成了恋童癖患者。

2. 家庭原因。由于家庭失和，夫妻感情不和，导致他们对成年人不感兴趣，转而将儿童当成性对象。

3. 性格原因。有些人的性格胆怯、懦弱，缺乏处理危机的能力，当遇到意外情况、受到打击时，比如发现妻子出轨时却不敢面对现实，而是希望能够回到童年，从而将心思放到小女孩身上，将小女孩幻想成两种形象：恋人和母亲。

4. 社会原因。有些人在日常生活和工作中因为不擅长处理人际关系或是在与成年人打交道时受挫，便会感到紧张、恐惧，认为与成年人交往太费心思，而与儿童交往却相当容易。久而久之，就会对人际关系产生厌倦，而将兴趣转移到儿童的身上。

另外，有些人在青春期对异性产生好感时会被家长或是老师禁止或打压，导致他们在成年后无法正常与同龄的异性交往，从而让他们对儿童产生性幻想。

除了以上这些原因外，有些人会因为智能发育迟缓、残疾等原因而无法正常接触成年女性或是接触的机会比较少，就会将满足性欲的对象转向儿童。

虽然说恋童癖本身不属于性犯罪，但如果这类人对儿童实施了性侵害，法律为了保障儿童的身心健康，一般会根据受害对象的年龄和性别给罪犯不同程度的法律惩处。

另外，恋童癖患者可以进行针对性的治疗。最常用的就是厌恶疗法，即当患者接触儿童或是儿童模型时，便给他们造成身心痛苦的刺激，比如橡皮圈刺激、电疗刺激等，以破坏他们的病理条件反射。在多次强化下，让其逐渐改变恋童癖的行为模式。如果情况较为严重，则需通过药物治疗。

偷窥癖：躲藏在他人背后的眼睛

小罗是一个计算机专业的大学生，性格比较内向，不喜欢主动与人交往。不过，在他毕业之后靠着自己的不断学习和打拼，现如今是某 IT 公司的主管。在外人看来，小罗是在事业上是比较成功的，年纪轻轻就坐上了主管的位置，而且还是自己喜欢的专业。可是，每次有同学给他介绍女朋友时，都会以失败告终。这让为他介绍女友的同学很纳闷：难道是因为小罗太过内向的缘故吗？

其实，很多人都不知小罗还有一个特殊的癖好。由于小罗精通电脑，公司在装摄像头时便将这件事交给他，不承想他竟然利用这个便利在女卫生间和更衣室装上隐蔽的摄像头，并通过自己的电脑观察女卫生间和更衣室的一举一动。起初，他只在下班的时间偷偷观看，后来发展成即使在上班时间他也会看。每次观看时，他都会获得极大的满足感和快感。

一段时间后，小罗的工作效率和业绩开始明显下降，而且他的精神也变得很不好。起初，领导以为小罗生病了，还让他去医院检查一下。可后来有一次因为看视频看得太入神，领导去找他时他竟然没有觉察到，此时领导才知道他的这个怪癖。

小罗的这件事被传开后，同事以及认识他的人都称他是"变态"，公司也因此将其辞掉。当警方对小罗进行教育时他却表示，自己根本控制不住自己的行为，总是喜欢偷偷地看女生换衣服。

其实，小罗的行为属于偷窥癖。所谓的偷窥癖是指有偷窥行为或是体验过偷窥的冲动，偷看他人的生活隐私，比如更衣、沐浴、性生活等，以满足自己的欲望和获得性兴奋。有研究显示，很多偷窥者都不会结婚，而且缺乏社交能力，与异性很难建立正常的两性关系。一般来说，他们偷窥的方式有很多：当偷窥者在很远的距离时，他们会通过望远镜、摄像机等器材进行偷窥；如果距离比较近，他们就会在试衣间或是卫生间这种地方进行偷窥。

有专家表示，很多偷窥者在窥视到自己想看的东西后，就会出现一系列的幻想或是有手淫的行为。而大多数成年的偷窥者的行为有以下几种特征：

1.偷窥的动机是出于追求一种心理刺激。他们对公开的、公众的异性暴露并没有很大的兴趣，而是喜欢那种偷窥的刺激，偷窥时压力越大，越能让他们获得满足感和快感。同时，还会伴有手淫的行为，以发泄自己的性欲。

2.偷窥的手段很隐蔽。有的偷窥者会在门缝中偷看或是在墙上挖一个小洞，抑或是在晚上从阳台、树上等高处偷看。有的偷窥者还会借助望远镜、摄像机等进行偷窥，更有甚者会装扮成女性，进到女浴室或女厕所偷窥。

3.偷窥者的自控力比较差。很多偷窥患者也可能意识到自己的行为是不对的，但无法控制自己，他们总是处于一种欲罢不能的痛苦处境中。

4.偷窥者的社交能力差。大多数偷窥者的人格不是很健全，而且性格比较内向、孤僻，缺乏与异性交往的能力，或是在婚姻上不成功。比如，案例中的小罗就是属于这类人，他的性格比较内向、孤僻，社交能力比较差。

是什么原因导致偷窥癖的产生呢？有专家总结出以下几点原因：

1.童年时受到不良影响或经历。有专家研究发现，大多数偷窥者在童年时期都遇到不良的视觉性诱惑或是不良的影响，抑或是不良的性经历，导致他们的性心理发育受阻。比如在幼年时看到母亲的裸体或是在青春期看到异性的裸体、情色刊物等。

2.受到色情文化的影响。色情文化对偷窥者往往造成很大的影响，从而在感官上刺激他们。对于自制力很差的人来说，是很容易陷入性变态泥沼中的。

3. 习惯所致。正所谓习惯成自然，特别是坏习惯，如果偷窥者在尝试一两次后就渐渐上瘾，自然，这种偷窥习惯也就很快成型了。

虽然偷窥癖并没有什么危险性，但对于偷窥者来说，他们可能会采取某种激烈的手段来达到目的，从而有可能伤害被侵犯的对象。另外，由于他们总是沉溺于这种不良行为，也会对其正常的生活和工作造成影响，对自我也是一种伤害。那么，有什么具体的方法可以治疗偷窥癖呢？对此，有专家提出以下几点建议：

1. 行为矫正法。这种方法是一种比较富于强制性的手段，尤其是对于那些无法控制自己行为的偷窥者来说，是比较实用的。比如厌恶疗法，即给予他们疼痛性的刺激或是心理打击，以让他们消除那些异常的行为。

2. 性教育和性治疗。从偷窥癖形成的原因来看，大多数患者往往与自己的幼年经历有关，比如缺乏性知识，并且受到色情文化的影响。所以，在青少年时期，应该对他们进行科学的性教育，以防止偷窥癖的产生或是在偷窥癖形成的早期阶段及时进行控制。

如果偷窥者是成年人，则对他们进行性治疗，即重建他们的性行为模式，通过正常的恋爱、结婚来建立和谐的性关系。这对他们的偷窥行为可以起到很好的控制作用，从而将其转化为潜在的偷窥者或是基本能够痊愈。

3. 及时咨询专业人士。患者应该及时咨询心理医生，并与其建立良好的医患关系。而医生则在精神上给予患者一定的理解和支持，以帮助他们建立治疗的信心，调动其治疗的积极性。

露阴癖：用裸露来满足自己

周五，肖娜由于工作繁忙，所以在公司加班到了晚上9点才离开。在回家的路上，她总是会经过一个没有路灯且比较偏僻的胡同。之前因为下班早，所以肖娜在经过胡同时并没有感到害怕，而今天由于加班晚归的原因，在经过回家的必经之路时一直觉得心慌。于是，她一边往前走，一边准备将手机的音乐打开，以缓解内心的恐惧。

当肖娜走进胡同时，她隐约听到对面传来脚步声，还伴随着一阵阵低沉的"嗡嗡"声。起初，肖娜以为是过路的行人，她顿时感到不那么害怕了，所以也就没有将音乐打开，而是准备快步走出这段偏僻的路。

可是，当她终于快走到胡同尽头时，一个穿着风衣的男子突然出现在她面前，只见男子把衣服敞开，并快速地褪下裤子，露出自己的下体。肖娜吓得"哇哇"大叫，急忙用手捂住眼睛。那个男子看到肖娜的反应，感到非常兴奋和满足，而后他又快速地提起裤子跑开了。

惊魂未定的肖娜吓得脚都迈不动了，蹲在地上哭了起来。从那以后，肖娜再也不敢独自一人晚上出行了，也不敢在偏僻的地方行走了，以免再遇到之前那个变态。

其实，案例中那个男子的行为就属于露阴癖，也被称为"阴部暴露症"，它是性变态的一种。一般来说，露阴癖患者习惯在不适当的环境中对异性公开露出自己的生殖器，以引起对方的紧张性情绪反应，从而获得满足感或快感，但不会对对方有进一步的性行为，这种行为属于一种性偏离现象。露阴癖大多发生在男性身上，并且是以未婚的男性居多，其年龄大概在 25 ～ 35 岁之间。如果是在人的晚年发生这种行为，则预示患者有重性精神病或器质性损害。

经过研究发现，露阴的对象大都是不认识的年轻异性，暴露的程度也不一样，男性患者往往会露出自己的生殖器，而女性则是露出乳房，很少会有裸露全身的。心理学家表示，患有露阴癖的人与精神病往往不同，他们知道自己的行为和症状是不正常的，却无法克服。很多患者虽然在暴露时获得了心理上的满足，但在事后会感到非常后悔。

比如，案例中的男子后来在其他地方"表演"时，被几个行人扭送到了派出所。当警察对男子进行教育时，他相当懊恼，声称被他人当成"流氓"抓起来让他感到非常羞愧，也很后悔那样做，但他又难以控制自己，总是冲动战胜理智。

在现实生活中，这种事例屡见不鲜：在南昌某校园的公交站附近经常会有露阴癖男子出现，让女学生都不敢单独出行；在太原某辆公交车上惊现"露阴癖"变态男，司机提醒女性乘客在乘车时要多加小心；重庆某公园附近有个露阴癖男子时常开车追着女性跑……

露阴癖是如何形成的呢？有专家分析，这可能与幼年性经历有关。在幼年时期，患者可能与同性或是异性互相触摸生殖器玩乐，抑或是经常性裸体，并在成年人面前炫耀生殖器等性经历让他们难以忘记。在成年后，由于受到某些精神创伤或是性压抑，抑或是个性比较内向、拘谨，使他们无法合理地排解这些烦恼，患者就会不自觉地通过幼年的方式来进行宣泄。

另外，有些父母和学校的思想观念较为封建，他们将性教育作为禁区，总是采用掩耳盗铃的方式对待青少年的性问题，从而导致他们出现这种性变态。

露阴癖不仅是一种心理疾病，还会对他人造成伤害，并给社会带来混乱，而当事人也会受到周围人的谴责和鄙视，导致他们的内心相当痛苦。因此，对露阴癖的预防要重于治疗。那么，具体有什么方法呢？对此，有专家提出以下几点建议：

1. **从幼年开始预防**。这就要求父母对孩子的教育要得当，不要鼓励或是纵容他们在异性或是同性面前裸体。同时，让他们正确认识性行为，让其性心理日渐成熟起来，从而逐渐矫正性变态行为。

2. **找出露阴癖的根源**。可以引导患者回忆幼年时的相关经历，以此寻找露阴癖产生的根源，并且由浅入深地给他们分析其行为的危害以及产生的机理，从而让患者认识到自己的行为是儿童时期性游戏行为的再现。

3. **采用厌恶疗法进行治疗**。在诱导患者想象自己的露阴行为时，给予患者厌恶刺激，比如用电流或是橡皮圈来刺激手腕、皮肤或是肌肉，注射催吐剂让其呕吐，以破坏他们的病理条件反射，对其进行负强化抑制，直到已建立的条件反射逐渐消退。

受虐癖：越被鞭打越快乐

戴明是一个典型的富二代，他的父亲是一家大企业的老总，他每次出行都是豪车接送，而且出入的地方也相当高级。虽然顶着富二代的光环，但戴明并不是那种花花公子，他是名校毕业的高才生，做事情也很有想法。因此，父亲对他青睐有加，准备将公司交给他打理。不仅如此，戴明还有一个知书达理的女友，与他是同一所学校毕业的。在外人看来，戴明的人生简直是完美的，但没过多久，随着女友与他深入交往，渐渐发现了他不为人知的一面。

有一次，戴明载着女友回家与父亲一起吃饭，在吃完饭后，他带着女友在家中四处参观。正参观时，戴明接到一个电话便出去了，示意女友随便看看。后来，女友走进戴明的房间时，发现他的卧室里面有很多皮鞭、绳索、手铐等物品，这让女友有些惊讶，但她在震惊之后意识到，原来男友有特殊的癖好。女友知道戴明的自尊心比较强，便没有当众询问他。

后来，当戴明与女友发生亲密关系时，他会让女友先将自己绑起来，并用皮鞭抽打自己。如果女友抽打得比较轻，戴明就会大喊："请尽情地、狠狠地抽打我！"只有女友抽打得很重时，戴明才会感到满足，才能享受那份快感。

一段时间后，女友感到与戴明相处非常累，但她又不想提出分手，更不知道如何帮助戴明。这让她进退两难。

其实，案例中戴明的行为就属于受虐癖，即自愿遭受他人的鞭打、捆绑等虐待，以让自己获得性兴奋和性快感的行为。它属于性变态的一种，通过自虐或是被他人虐待等方式获得心理上的满足。受虐癖患者的这种需求并不会危害他人和社会，而是通过接受伤害来获得扭曲的性满足。对此，有心理学家表示，受虐者可能有一种受难崇高的心理需求，更可能是一种人格偏好。

从广义上来看，男性和女性都有受虐的需求。受虐可以被看成是一种肌体上的紧张。很多受虐癖患者之所以会用铁链绑住自己，并用绳索套着自己的脖颈才会获得快感和满足，是因为他们总是怀疑自己的性欲能力，处于嫌弃自我、内心软弱的状态，才迫不得已借助外力来让自己变得兴奋。一般来说，患者常常会通过被殴打、被羞辱等受尽折磨的方式来激发自己反复的性唤起。

专家分析，大多数受虐癖患者对正常的性活动没有什么要求，甚至会产生恐惧感，而他们的变态行为往往具有强迫性和反复性，其自我控制和自我保护能力也比较差，但并不是经常发作。那么，受虐癖是如何产生的呢？有专家分析有以下几点原因：

1. 心理原因。对于性心理障碍的患者来说，他们常常有不同程度的人格缺陷，比如强迫型人格，也被称为执拗型人格，做人做事比较刻板、固执，总是循规蹈矩，墨守成规；不管做什么都没有自信，而且工作过于谨慎。这些特征会导致他们产生焦虑、抑郁等反应，从而形成性变态。

2. 先天基因的影响。医学研究表示，Y染色体对暴力会产生促进的作用，而暴力则分为施暴和受虐，这也正说明男性施虐和受虐的倾向要高于女性。

另外，很多男性承担着独立、个人成就感等沉重的压力，导致他们肩负重担，所以受虐行为能够帮助他们从角色责任中逃离出来，这就解释了男性为何比女性更易患有受虐癖。有专家表示，焦虑感和恐惧感都是产生虐恋的重要原因。

3. 社会和环境原因。一般来说，反常的变态性行为是不合理的社会强制和压抑所造成的性心理冲突的后果，所以它属于一种复杂的社会问题。正如弗洛伊德所言："变态的性行为就是幼儿的性行为。"在成年后，当性欲受到社会和环境的制约或是个人人格的缺陷限制而无法合理宣泄时，就会退到幼年时期，并以幼儿释放性欲的方式表现出来，从而成为性变态。

心理学专家指出，很多受虐癖患者是在扭曲的性冲动支配下，并在特定的情境下突然付诸行动，他们无法控制自己的行为，事后又会相当懊悔。有的患者会强烈要求进行治疗，以摆脱自己的痛苦状态，但有的患者却不认为自己是病态的行为。那么，受虐癖患者如何治疗呢？具体的方法有哪些呢？对此，有专家建议不妨采用脱敏疗法进行治疗。

很多受虐癖患者的心理根源往往与幼时第一次性唤起的刺激物存在关联，所以，找出最初的刺激物是相当重要的。有心理学专家表示，受虐癖患者的性高潮是最早进入记忆的刺激物显现后才出现的，而真实的性关系刺激力量往往会显得不足。所以，模拟的幻想物往往是主要的性刺激来源。因此，采用脱敏疗法会起到一定的效用。

用幻想代替受虐刺激物，比如，受虐癖患者原来要求伴侣用牙齿咬自己才会有快感，现在可以想象伴侣在用牙齿咬自己时的深切疼痛感；逐渐减少受虐行为的刺激量，比如受虐癖患者原来要求伴侣勒住或是卡住自己的脖子才会产生满足感和快感，现如今可以慢慢降低力度、加强想象来获得同样的体验，最终取消这种刺激。

另外，将刺激与被刺激的行为变成情感性的言语表达出来。性心理治疗的原则之一就是发泄原始的欲望，而不是压抑自己。受虐癖患者可以尽情地接受虐待的感受，抒发想象中的呻吟等自我的声音、言辞反应。如果能够取得与受虐相似的兴奋效果，则会逐渐克服这种性心理障碍。

摩擦癖：行走的"公交痴汉"

　　小琪是一名上班族，年轻漂亮的她很受同事的欢迎，再加上平时喜欢打扮，这使小琪看起来更加动人。不过，最让小琪讨厌的就是挤公交、地铁了。特别是在夏季，由于天气比较热，而在拥挤的车厢中，肩碰着肩、背对着背，更是让人感到燥热难耐。

　　有一天，小琪下班准备坐公交车回家，由于正值高峰期，车厢中满满都是人，她上车后特意找了一个没有那么拥挤的地方。为了打发这段无聊而又沉闷的时间，她拿出耳机和手机，在那个角落中看电视剧。

　　正当小琪看得起劲时，她突然感到有点不对劲儿，她感觉右边有人紧贴着她来回蹭。起初，她以为是车厢太过拥挤，避免不了会被蹭着、挤着，所以并没有在意。可后来，她才发现有异常，因为那个男子从上车到现在一直都在自己后面，而且他根本没有下车的意思。

　　小琪本不想招惹他，正好当时有人下车，她便换了一下位置，以避开那个男子。可不承想，过一会儿，那个男子又贴了过来，在小琪后面磨蹭着。这让小琪再也忍不住了，她立刻高声说道："大家快来抓住这个变态，他竟在公众场合公然对我性骚扰。"站在小琪附近还有几个男乘客，听到小琪这样说，立刻将那名男子抓住。

　　后来，他们几个人将那名男子送到派出所。经警方调查发现，这名男子其实是一个惯犯，经常在这一带的公交车上对异性进行性骚扰。可是，虽然警方对其多次教育，但他还是克制不住自己的行为。

　　其实，案例中男子的行为就属于摩擦癖，又被称为挨擦癖，是指在拥挤的场所中故意摩擦异性，甚至会用自己的生殖器官去碰撞女性的身体，还伴有射精或手淫等行为，以达到自己的性满足的一种性变态。一般来说，患有这种性变态的患者主要是男性，他们通常会在拥挤的场合进行这种行为，所以也被称为"挤恋"。

　　从精神病学的角度来看，摩擦癖是一种性欲倒错障碍，这类患者无法从正常的性活动中获得满足和快感，所以他们会通过在公众场合对异性摩擦而获得满足。在临床上，患者在发生这种行为时往往会出现主观上的痛苦，他们也想进行改变，但很难克制。比如，案例中对小琪实施性骚扰的男子在被送到警局后，他也深感惭愧、懊悔，却控制不住自己的行为。

　　专家经过分析发现，对于这类性变态患者来说，他们具有以下几种症状：

　　1. 有计划、有目标。患者在实施摩擦癖行为时具有计划性和目标性。比如，在作案前，他们会对自己的衣着、面部等进行修饰；多以年轻并长相不错的异性作为实施对象，并且是不认识的女性；大多选择拥挤的地方，如公交车、地铁、商场等。

　　2. 患者进行摩擦的部位一般是生殖器区或是手、手臂等，抑或是其他部位。大多数情况下，患者会隔着衣服进行摩擦。

　　3. 当被摩擦的对象有明显的反应时，他们往往会停止相关行为，并会装出一副若无其事的样子。可如果对方默许或是避开，他们就会继续自己的行为。另外，患者在实施这种行为时会出现性高潮，即有射精的表现。

　　4. 患者有反复发作的情况。不过，他们很难从中吸取教训，因为他们总是难以控制自己的行为。

　　摩擦癖是如何形成的呢？目前发病原因尚不清楚，不过，有专家总结出以下两种原因：

　　1. 家庭原因。很多患者在幼时都生活在性封闭的家庭环境中，从而导致他们有着性压抑的经历。如果是男性患者，他可能从小就生活在只有母亲的单亲家庭中，并且受到母亲的严格教育。父母不幸的婚姻使其性情变得异常孤僻，不愿意与同龄女性接触，而且对性生活很反感。在成年后，虽然他们智力健全，但依然不愿与异性接触。会在公交车等拥挤的场所对陌生的异性进行摩擦，从而获得兴奋和快感，从而成为摩擦癖者。

2. 偶然的原因。对于大多数摩擦癖患者来说，他们在幼时或是青少年时期的性心理发育受阻，当性快感体验与异性身体接触偶然地结合后，以条件反射的机制形成固定的联系。在其成年后，他们依然会通过这种行为来获得满足感和快感，从而发展成摩擦癖者。

不过，摩擦癖患者与现如今社会上的"顶族"是不同的。所谓的"顶族"是指那些热衷于在公交车或是地铁上趁着拥挤对身边的女性乘客进行性骚扰行为的人。这个群体的行为是可以控制的，但他们经常洋洋自得地在网上炫耀其"战绩"，助长了恶性的性骚扰行为。对此，专家认为这并不是需要矫正的摩擦癖，而是道德败坏的行为。因此，各地警方正在采取措施大力惩治这些"顶族"。

对于摩擦癖患者来说，这种精神障碍往往会令他们感到很痛苦，而且难以控制自己的行为，从而做出违法的举动。那么，患者如何进行治疗呢？对此，有专家建议主要采用心理治疗的方法，具体的方法有以下两种：

1. 支持疗法。在患者进行心理咨询时，专业人员要与患者建立良好的医患关系，并在精神上给予对方关心和支持，让其建立治愈的信心，从而积极主动地配合治疗。另外，在治疗的过程中，专业人员还要与患者一起讨论摩擦癖的本质和特点以及治疗方法，从而更好地辅助治疗，以帮助患者更快地恢复。

2. 认知领悟疗法。对患者进行治疗时，先引导他们回忆其成长过程，尤其是幼年时的性经历，从中找出导致摩擦癖行为产生的根源，并向患者进行解释和分析，告诉对方这是一种儿童式的行为，不能用这种方式来宣泄成年人的性欲。在此过程中，让患者对自己的病症有一个清楚而正确的认识，从而努力克服。

除此之外，还可以采用厌恶疗法、药物疗法等进行治疗。

慕残癖：与众不同的爱恋

小媛是一个漂亮的女孩子，不仅长相好，而且做事能力也很强，现如今是某公司的部门主管。长相甜美的她身边不乏追求者，也有很多朋友和同事给她介绍男友，她却没有看上任何人，这让很多人都以为小媛的眼光太高了。其实，并不是小媛的眼光太高，而是她有一个特殊的癖好——喜欢残疾人。

在她十几岁的时候就有这种倾向了，当时，她看到邻居家的一个年轻而帅气的男性亲戚拄着拐杖向邻居告别，这让小媛产生了莫名的喜欢。从那之后，她非常喜欢关注残疾人的相关资料，常常在网上搜集关于残疾人的图片、视频等。不仅如此，随着年龄的逐渐增长，喜欢写作的小媛开始在网上写关于残疾人的小说。

虽然身边的人不断地给小媛介绍帅气多金的男生，但她一个也没有看上，而是喜欢上双腿残疾、长相尚可的小丁。当时，小媛与朋友一起去医院探望病人，当她看到病房中的小丁拄着拐杖与其他人风趣地交谈时，她顿时喜欢上了对方。从那之后，她经常会去看小丁。

没过多久，小媛就主动向小丁表白了，这让小丁感到非常吃惊，他以为小媛在开玩笑。但后来小媛多次真心诚意地向他表白后，他才信以为真。当小媛与小丁的恋情被小媛的父母知道后，她的父母极力反对，并对小媛厉声说："如果你真的与那个残疾人在一起，我们就不认你这个女儿。"

可即使如此，小媛依然选择与小丁在一起，并且在医院附近租了一间房子，以方便照顾小丁。只有在与小丁相处并细心照顾对方时，小媛才感到很舒心、很快乐。

其实，小媛的这种情况就属于慕残癖，是对理想型的残疾人产生一种爱慕的心理，也是对异性身体的一种特殊审美观念。在当前社会，虽然主流审美观念是四肢健全的，慕残者却认为残障的身体同样也是美的，而且更胜一筹。

不过，慕残者并不是对所有残疾人都会产生性冲动，而是对自己所喜欢的类型才会有性冲动，比如外貌、内涵等。这对慕残者来说是非常重要的，就像普通人选择伴侣那样。所以，一般来说，残疾人中的高富帅是很容易受到慕残者的喜欢和追捧的，而"矮矬穷"自然也是无人问津。

有心理学家表示，慕残者的思维、行为与正常人无异，唯一与普通人不同的是——喜欢残疾人。他们之所以会这样，可能是通过照顾、爱护残疾人来满足他们未被满足的爱和关心的需要。

有调查发现，在中国有很多慕残者，他们往往会在网上以虚拟的身份进行交流，可在现实生活中，有的人却会极力压抑自己的情感。对于大多数慕残者来说，他们极其讨厌那些歧视残疾人的人。不过，在网络上，由于一些慕残者发表的言论过于露骨或是过度表达对残疾人的爱慕，让很多残疾人对这个群体产生厌恶的心理或是引起他们的恐惧和不安。因此，有些残疾人会认为慕残者比较"可耻""变态"。

一般来说，慕残者在少年时便会出现对残疾人感兴趣的倾向。他们经常会在网上搜寻有关残疾人的图片、视频等。另外，还有很多慕残者会开设相关论坛，以让更多的慕残者在此交流或是发表所撰写的慕残小说。

不过，慕残癖与截肢癖是有区别的。在1977年，约翰·霍普金斯大学精神病学家约翰·莫尼在界定截肢癖概念时，就非常慎重地将慕残癖与截肢癖区别开。截肢癖是一种希望截肢的倾向，他们往往对自我不满，想要成为肢体残缺的人；而慕残癖则是对爱慕的残疾人产生性冲动，他们喜欢的是肢体残缺的人。

对于截肢癖者来说，他们往往认为"四肢健全的身体才是不完整的"。

虽然有的患者在生理上并没有什么疾病，而且站在医学角度上也不需要截肢，但他们想将自己的腿截掉。有的患者被截肢后在接受采访时声称"终于把腿给截了，现在特别快乐"。

正常人很难想象，可这种事情却真实发生过：1998年5月，一名79岁的纽约男子为了截掉自己的腿，竟然跑到墨西哥黑市花了1万美元截肢，可后来却因为坏疽而死在一家旅馆中；1999年10月，一名精神正常的密尔沃基男子用自制的断头台切掉了自己的胳膊；同月，一名加州的法律调查员去医院要求截肢，但遭到了拒绝，于是她将自己的双腿用止血带扎紧，然后将其放入冰中，以让双腿坏死，达到非要截肢不可的地步，但后来因为晕了过去而放弃，现如今她声称自己有可能会卧轨或是用霰弹枪将自己的腿打断。

对此，有专家经过研究表示，这表明截肢癖者可能并不是精神有问题，而是有生物学根源的神经生理问题。

不过，关于慕残癖和截肢癖的划定还存在很多争议，有的专家学者将两者划定为性反常行为和性心理障碍；但有的专家却认为，慕残癖是属于性反常行为，但截肢癖不是。

在网上，慕残者往往被称为"热衷者"，而截肢癖则被称为"欲达目的者"。除此之外，还有一种被称为"装扮者"，即他们没有残疾，但会在公众场合拄着拐杖、坐着轮椅等，以获得残疾的感觉。

针对此类人群，建议及时看心理医生，以获得专业的心理辅导。

Part 4

生活中的怪癖：超乎想象的怪行为

贪食症：吃到吐才会停下来

郑慧与男友相恋三年了，在外人的眼中，他们两个人的感情非常好，即使身处异地，每天都会打视频电话，一打就是三四个小时。可没想到，没过多长时间，郑慧与男友的通话时间变得越来越短。

男友向她解释，最近工作太忙了，每天都要加班，有时候回到家里没有洗澡换衣服就睡着了。郑慧听了非常心疼男友，就对他说："以后少打电话吧，你多休息一下。"可不承想，之后男友的电话变成了一星期一次，有时候甚至一个月一次。

起初，郑慧并没有在意，但身边的朋友却提醒她："你还是长点心吧，再忙的工作也不会连打电话的时间都没有。这两天正好放假，你可以去看看对方，看看到底是怎么回事儿。"郑慧听了朋友的提醒，内心也不由得有所触动。于是，她没有与男友打招呼，就去他工作的城市了。

谁知，当郑慧意外出现在男友面前时，她并没有看到任何惊喜和开心的表情，也没有半句慰问和关心，而是满脸的不耐烦。正在他们说话时，一个女生跑了过来，直接挽着男友的胳膊说："今晚我们去看电影吧！咦？这是你朋友吗？"此时，郑慧才明白了一切，原来男友早已变了心。她故作镇定地说："其实，我这次来的目的就是提分手的，祝你幸福。"然后假装很潇洒地转身离开了。

到了车站，郑慧的眼泪止不住地往下流，内心相当痛苦，一路上她都沉浸在悲伤中，要不是他人提醒，她差点坐过了站。回到住处已经晚上了，可她一点也没有饥饿感。此时，她才想起来自己已经一天没有吃东西了，但郑慧丝毫不感到饥饿，内心被悲伤和痛苦紧紧地包裹着。

第二天早上起床后，郑慧才突然感到非常饿，而且肚子"咕咕"作响。于是，她穿上衣服到楼下的超市买了一大包零食：方便面、火腿肠、面包等。回到家后，她开始不停地吃。但此时的肚子就像个无底洞，怎么也填不满。即使一大包零食吃完了，郑慧还是有些饿，于是她又下楼买了很多零食。

慢慢地，郑慧变得非常爱吃，虽然她明知道自己这样做不对，却控制不了自己的行为。有时候她也会担心自己这么吃会成为胖子，所以在吃后，她会用手抠自己的喉咙，拼命地将东西吐出来。但没多久，她就会忍不住再去吃，如果她不吃东西，就变得异常焦虑，唯有吃东西，才能让她的内心稍微平静些。

其实，郑慧的行为就属于贪食症，也可以称之为贪食癖，但这并不是一种普通的贪吃，而是一种进食行为的异常改变。一般来说，患有贪食症的人的进食欲望和行为会呈现发作性，一旦产生进食欲望便难以控制，而且每次进食量都比较大；患者会担心自己发胖，所以经常在进食后自行催吐或是服用催吐药物，抑或是通过运动来消除暴食后引起的发胖。这些现象会每星期发作两次以上，而且至少会持续出现三个月以上，患者还经常担心自己的体形和体重。

据调查发现，贪食症常常发生于青少年或是成年早期，以女性居多，而男性患者仅为女性患者的 1/10 左右。

英国的戴安娜王妃也曾患有贪食症。在 1977 年，英国王子查尔斯追求戴安娜的姐姐莎拉，可莎拉当时深受贪食症的困扰，于是，她便将 16 岁的妹妹戴安娜介绍给了查尔斯。可是，当媒体曝光这段恋情时，戴安娜感到压力相当大，因为时刻要面对皇室、媒体、公众，所以她要永远保持完美、高贵的形象，这常常会让她感到无所适从，而且时常默默地哭泣。

后来，她逐渐有了贪食症的表现。有时候一顿饭会吃掉一整块牛排、一大碗奶油冻、一磅糖果。但在吃完之后，她就会将其吐出去。

在她与查尔斯王子举行婚礼前夕，戴安娜发现王子竟然与卡米拉关系非常暧昧，而且她还在查尔斯的日记中发现了卡米拉的照片。从此之后，她的贪食症越来越厉害，每天都要吐三四次。当戴安娜与查尔斯在度蜜月时，因为查尔斯的一句"亲爱的，你有点胖"，导致她的蜜月都是在呕吐的气味中度过的。

心理学家分析，贪食症之所以会发生，往往存在一定的诱发因素，比如人际关系比较差或是感情受困，情绪长期处于压抑的状态中，抑或是对自己偏胖的体形感到不满，从而会采取过分的措施来逃避现实问题，但在饥饿难耐时又会不加控制地转为暴食。有时候，患者在暴食后往往能够暂时缓解内心的烦躁、抑郁等。可一旦出现焦虑、压抑的情绪，他们又会再次暴食，以排遣不良情绪。

很多贪食症患者起初会对自己的暴食行为感到害羞，所以，在暴饮暴食时会背着他人，在公众场合也会尽量克制。可到了后期，他们往往无法控制自己的行为。催吐则是他们控制体重最为常用的方法，即在暴食后立即用手或是其他物品刺激咽喉，以吐出胃中的食物。

心理学专家表示，如果长期采用一些不当的消食手段，会导致胃中的酸液和食物逆流到食道、口腔，从而会对胃、食道、牙齿造成很大的损害，最终会引发慢性胃炎、胃出血、烂牙等情况。另外，催吐还会让颅内压骤然上升，有的人会因此引发脑溢血，甚至会脑血管爆裂，这是相当危险的。

心理学家认为，贪食症不仅是一种不良的生活习惯，也是一种心理疾病，它往往是个人无法控制的，所以贪食症患者必须接受专业人士的帮助和治疗。那么，具体的治疗方法有哪些？对此，有专家为我们提出以下几种方法：

1. 养成良好的饮食习惯，不受体重的影响。专家建议，饮食时要做到营养均衡，避免在吃饭前吃零食以及一些高脂、高糖的食物。可以多吃一些高纤维的食物，以让消化系统更好地吸收，从而减缓对药物的依赖。另外，不要受到体重的影响，更不要以明星的瘦削身材为目标，与他人一起愉快地进食，这样才能避免患上贪食症。

2. 找出不良情绪的来源。 如果是不良情绪而导致的暴食，应积极地寻求心理专业人士的帮助，找出不良情绪的来源，及时调整饮食习惯。比如，案例中的郑慧因为感情经历而让她内心极为压抑和痛苦，后来朋友带她去看专业的心理医生。经过专业人士的帮助，找到了不良情绪的来源，她的贪食症也渐渐有所好转。

3. 认知疗法。 这种疗法是指通过对合理行为进行奖励或是模拟来教育患者，从而改变他们扭曲和僵化的思维模式。如果厌食症的情况比较严重，则需要在医生的建议下服用一定的药物，比如，抗抑郁药或者抗强迫药物。

4. 亲朋好友的关心和鼓励。 对于贪食症患者的亲朋好友来说，当发现患者出现饮食紊乱的情况后，要及时地关心和鼓励他们，而不能妄议患者的身材、相貌。就像上文中的查尔斯王子，当戴安娜王妃出现厌食症状时，他不仅没有进一步的关心，还说"亲爱的，你有点胖"，导致戴安娜的贪食症更加严重。

厌食症：看到食物就感到痛苦

汪淼是一名美术学院的学生，胖胖的她非常可爱，平日里总喜欢戴着圆圆的眼镜，性格比较内向，爱吃零食。在画画方面，虽然汪淼并不是很有天分，但很努力，经常会在画室中练习。可最近，汪淼却不将精力放在画画上，而是专注于减肥。

这源于学校组织的一次文艺会演活动。当时，舞蹈系的学生在台上表演了一段优美的芭蕾舞，台下的同学看得津津有味，一边看一边议论道："你看看舞蹈系的女生，不仅舞蹈跳得好，而且身材那么苗条、匀称，个个就像光鲜亮丽的明星似的！再瞧瞧我们，五大三粗的。"汪淼听了同学的谈话，不禁看了看自己胖胖的肚子和大腿，手里的零食也不由得停了下来，不敢再往嘴里送，她觉得同学似乎是在说她。这让她突然意识到，自己的微胖身材是相当难看的，而瘦和苗条才是有魅力的、漂亮的。所以，她暗暗下定决心：自己也要变成瘦子，也要拥有苗条的身材。

首先，汪淼开始杜绝自己爱吃的零食，可一段时间过后，效果甚微。为了快速地将体重减下去，她开始不吃晚饭，而且早餐和中餐也吃得非常少，有时候甚至一日三餐都不吃。时间长了，汪淼变得非常注重饮食和体重，每天都会反复称好几遍体重，似乎体重成了她生活的重心。而且只要吃点东西，她都会担心发胖或是体重增加，抑或是在吃后再设法将其吐出来。

后来，汪淼虽然瘦了下来，却变得不爱吃饭，看到食物就感到恶心，这导致她身体非常虚弱，连走路的力气都没有了；头发大把大把地往下掉，浓密的头发变得稀疏。由于长时间没有吃东西，汪淼甚至一天晕倒好几次。

家人得知这一情况，急忙将她送到医院中。后来，经检查得知，她患上了厌食症。

何谓厌食症？它是指个体通过节食等手段，有意地维持体重，从而导致体重明显低于正常标准的一种进食障碍，属于心理生理障碍。大多数患者由于长期控制进食，并会用手不断地刺激咽喉，让吃进去的食物吐出来，从而打乱了人的正常神经生理反射，最终导致大脑"看到"食物的信号不再产生兴奋，消化液分泌会随之减少，胃肠蠕动也会变慢；当个体再面对食物时也不会产生饥饿感，而是会感到恶心、痛苦。最后，生理、心理反应趋于一致，从而形成了病理性神经反射。这种病症大多发生于青少年身上，其发病的年龄大约在 13 ～ 25 岁，多发生于女性身上，女性患者与男性患者的比例大约是 9.5 ：1。

一般来说，厌食症分为三类：神经性厌食症、小儿厌食症、青春期厌食症。神经性厌食症是指患者有意地造成体重明显地下降，以至低于正常生理标准，并极力地维持这种状况的一种心理生理障碍；小儿厌食症是指 3 ～ 6 岁的幼儿在较长时间内食欲减退或是食欲缺乏而产生的症状，这属于消化功能紊乱，还会出现呕吐、腹泻、腹痛等症状；青春期厌食症是指处于青春期的女孩因为怕胖而严格控制进食，由于过分控制饭量而让体重降下来，这很容易发展成挑食、厌食等。而案例中的汪淼就属于神经性厌食症。

心理学专家表示，厌食症患者对体重增加和发胖产生强烈的恐惧感，对体重和体形极度关注，盲目地追求苗条。虽然体重会有所减轻，但常常会营养不良、内分泌发生紊乱。更有甚者，患者会因为极度的营养不良而出现机体功能衰竭等，从而发生生命危险。有调查显示，有 5% ～ 15% 的厌食症患者最后因为心脏并发症、多器官功能衰竭等而死亡。

在国外曾有这样一个真实的案例：瑞士苏黎世有一个名叫朱莉的女孩，年仅 24 岁的她却因为厌食症体重仅有 35.7 公斤，看起来瘦骨嶙峋。在她病情最严重的时候，为了逃避吃食物，会将食物偷偷地放在耳朵里，甚至连水都不敢喝。由于患有严重的厌食症，她变得相当虚弱，稍微做一点动作就会让她感到筋疲力尽。

厌食症是如何引起的呢？有专家总结出以下几点原因：

1. 生理因素。医学研究表明，厌食症与体内激素分泌失调有关，比如雌激素、甲状腺激素分泌下降等。

2. 社会因素。很多人都有过度追求身材苗条的心理，总是认为胖是不健康的、不漂亮的，而瘦才是有魅力、漂亮的表现，从而对身材过分苛求，非常注意饮食和体重，所以会尽量少吃或是不吃食物，抑或是在吃进去后再设法吐出来。一般来说，这类患者往往个性比较谨慎、内向、敏感等，而且自控能力比较强。

3. 家庭环境因素。比如，父母对孩子管教过于严格、孩子在幼年时遭到虐待或是生活在单亲家庭中；孩子对父母过分依赖。在这种家庭环境中成长的孩子往往性格比较敏感、偏激，而且心理承受能力很差。

4. 情绪因素。有的父母在给孩子喂食时会强迫其吃东西，引起幼儿的反感，从而影响孩子的情绪，也会导致厌食。另外，如果孩子有不良的饮食习惯，比如吃饭不定时、饭前吃零食等，也会导致没有食欲。

5. 疾病因素。心理学专家表示，一些急性或慢性疾病也可能导致胃肠动力不足，从而引起厌食。如果长期使用抗生素，会导致肠道菌群紊乱，从而出现腹胀、恶心、厌食等。

厌食症不仅会严重影响身体健康，削弱机体的免疫功能，导致身体变得非常虚弱，还会对生活和工作造成极大的影响。所以，厌食症患者要及时调理和治疗。那么，有哪些具体的方法呢？对此，有专家提出以下几点建议：

1. 合理饮食，作息时间要规律。由于很多女性为了追求苗条的身材而进行节食或是断食，这样不仅会伤害自己的身体，还有可能患上厌食症。所以，如果想要有效地预防厌食症，就要合理地安排饮食，养成规律的作息时间，以保护、促进食欲。

2. 接受心理治疗。比如对患者的心理压力进行疏导、让患者对环境和对自己有客观的认识等。另外，对患者进行行为矫正，这也是心理治疗的一种，主要是帮助患者恢复体重，在其体重逐步增加时，给予对方奖励性的积极反馈。

比如，案例中的汪淼在医院治疗时，心理医生对她进行心理治疗，让其认识到并不是瘦才是美的标准，有时候胖也能受到大家的喜爱的。同时，对其进行行为矫正，慢慢地，汪淼的体重逐渐有所增加，气色也好了很多。

3. 药物和手术治疗。如果患者的厌食症比较严重，则需要对其进行药物和手术治疗。一般来说，会采用口服等方式来补充钾、钠等。如果患者贫血，则会补充铁、维生素等。如果药物治疗效果不大，则采用手术治疗。

整容癖：让人为之神魂颠倒

杨蕊本来是一位充满活力的大学生，虽然长得不算漂亮，却洋溢着青春的气息。可毕业之后，她找了几份工作都不甚满意，后来有朋友给她介绍一家美容店的工作，让她先去那里做几天试试。

起初，杨蕊在这里有些不适应，因为大学毕业没多久的她向来喜欢素面朝天，可在这里工作的人都喜欢化妆，而且非常注重自己的外在形象。可后来，杨蕊也渐渐适应了，因为她发现在化完妆后，自己确实比以前更精神、更漂亮，而且也更加自信。所以，她每天上班前都要花费一两个小时化上精致的妆容。

在这家美容店工作一两年后，杨蕊不仅爱上了化妆，而且还迷上了整形。隔一段时间她就会在自己工作的美容店或是其他美容店开眼角、隆鼻等。在每次微整形后，她都非常满意，所以更加迷恋化妆和整形。只要是出门，即使去菜市场买些菜，她都会在家化上一两个小时的妆才出门。如果不化妆，她就感觉如同没有穿衣服似的。

可最近，杨蕊在照镜子时发现自己的大腿和胳膊有些粗，这让她对自己的身材感到很不满意。每次出门或是去参加某些活动，她都会非常在意自己的体形，总是认为他人会为此而嘲笑自己。这让她相当难受和痛苦，常常会魂不守舍、坐立难安。

起初，杨蕊会通过运动减肥，但收效甚微。后来她又通过节食来减肥，可即使如此，依然没有达到她的理想体重。于是，她准备去做抽脂手术。

其实，杨蕊可能患上了美容强迫症，也可以称为整容癖、美丽强迫症，即总是对自己的皮肤、相貌、身材感到不满意，每天都要花上好几个小时进行美容保养，隔一段时间就会去打"肉毒素""美容针"等。在心理学上，这种情况属于体象障碍，即在客观上并没有什么外在的缺陷，可主观上却认为自己很丑，从而产生痛苦的心理。因此，这常常会导致患者坐立不安，变得多疑、伤感，总认为他人对自己指指点点。遇到这种情况，他们不会寻求心理医生的帮助，而是去找整形医生来纠正自己的"容貌缺陷"。

有整容癖的人大多比较关注自己的体形，对"瘦"的苛求也异于常人，总认为自己不够瘦、不够苗条，体重只要增加一点点就会感到内疚；过分喜欢化妆，只要出门就会化妆；每隔一段就会打美容针，让自己的皱纹、斑点消失，否则就会魂不守舍，总认为他人用异样眼光在看着自己；不管在什么场合都无法控制自己照镜子，还总是会问他人"我今天看起来还可以吧？"

有心理专家表示，虽说适当地整容能够提升自信和美感，但如果频繁地整容可能是一种成瘾行为，因为对整容癖的人来说，"没有最好、只有更好"。所以，他们常常是非理性的，无法停止的。美容强迫症是当今社会较为普遍的一种心理，而不是真正意义上的心理疾病。不过，如果患者频繁地整容，有可能会陷入一种极端的心理强迫症中，从而影响身心健康。

频繁而过分地美容会造成哪些危害呢？有专家总结出以下几点：

1. 皮肤表层过薄，容易过敏。现如今，很多人会认为肌肤之所以会出现各种问题，是因为没有清洁到位造成的，所以会使用各种清洁产品进行保养。可是，如果过度地清洁肌肤，则会导致皮肤的表层过薄，而且在某些季节中还很容易过敏。

2. 皮肤易松弛、老化等。如果补水过量的话，会导致肌肤变得松弛，并且没有光泽；如果肌肤还没有出现问题，就未雨绸缪地提前保养，否则会导致肌肤提前开始衰老。

3. 出现脂肪粒问题。如果使用过多的营养面霜，就会出现脂肪粒问题。

起初，很多人可能不会太在意，但久而久之，眼睛周围的皮肤就会积累过多的脂肪粒，想要清除并非易事。

美容不仅会危害肌肤，有时候还会危及生命。2010 年 11 月 15 日，"超级女声"王贝在一家医院做整形手术死亡。当时，英国、法国等国外媒体争相报道这一事件，声称它反映了中国社会"渴求美丽"的现状，法国媒体便评论王贝是死于"美容强迫症"。

对于女性来说，热衷美丽本是无可厚非的事情，而且现如今整形也成为一种时尚，但关键是需要保持一种理性的求美心理。有整容癖的人最好及时与心理专业人士进行沟通，学会克制和调整。那么，具体该怎么做呢？对此，有心理学家提出以下两点建议：

1. **认识频繁整容的坏处，再进行行为调整。**这需要有整容癖的人积极地寻求心理专业人士的帮助，在他们的引导下认识到频繁整容的坏处，并且意识到其根源是在自己的内心，而不是外界，然后凭借自身的意志加以克制和调整，从而摆脱这种困扰。

2. **强行打断自己的强迫观念。**比如，可以自己设置一个闹钟，每隔三分钟响一次，当闹钟响起时，就大声喊"停"，以此驱除大脑中的强迫观念。或是在大脑中出现强迫观念时，立刻站起来做一些其他强烈动作，并大声喊"停"，然后再用比较正常的声音，直至仅仅需要在内心说"停"，就能驱除强迫观念。

购物癖：成为物质的牺牲品

　　夏芳是一个白领，今年已经33了，但至今还是单身。其实她自身条件很不错，身材高挑，工作能力也比较强。可在选择男友上她总是千挑万选，即使家人和朋友给她介绍了好多个，但她总会找出各种原因，声称对对方不满意，所以现如今还是孑然一身。独自一人的夏芳似乎过得并不空虚，每天都将时间花在购物上。

　　在购买东西时，她从来不会像其他人那样选择那些促销或是打折的商品，而是总买一些价格比较高的东西或是奢侈品。在她看来，只有这些物品才与自己的身份相匹配，才是自己的理想生活。

　　如果夏芳哪一天要是没有购物，她就会感到非常失落，做什么事情都提不起劲儿，总是感到莫名的空虚。有一次，由于工作需要，公司派她到某个地方去做调查，可那里既没有网络，也没有大型商场，导致夏芳无法购物，这让她做事也没有精神，仿佛丢了魂儿似的。两天之后回到工作的城市，她做的第一件事就是去商场购物。当进入商场后，她就变得异常兴奋和热血沸腾，也不顾自己的经济承受能力，热情地买下一件又一件价格高昂的商品。

　　可是，夏芳这份热情和兴奋并不是持久性的，当物品拿回家后，她发现自己刚刚购买的东西与之前的款式非常相似，而且那些物品一直是束之高阁，自己没有用过几次，也并不是她真正需要的。这致使她的心情再次变得不好了。

　　虽然夏芳收入比较高，但由于她总是喜欢购买高端商品，所以她每个月的工资都不够用，所以她办理了多张高额度的信用卡。这导致她经常入不敷出，有时候还会向朋友借钱来还款，现如今她已经是债台高筑。

其实，夏芳的行为就属于购物癖，也被称为购物狂，属于一种冲动控制障碍，是一种非常过分且不合理的消费行为。一般来说，如果购物行为没有引起不良的社会后果，并且个人的购物行为与其经济状况相适应，则不认为是购物癖；如果这种购物行为不仅会让个人产生痛苦情绪，还会引发债务、家庭等问题，则被视为购物癖。

心理学家经过研究发现，大多数患有购物癖的人在没有购物时，整个人会显得完全没有精神，而且高兴不起来，总是有一种莫名的空虚感；当购物癖"发作"时，就会变得焦虑；可一旦进入商场或是处在购物的环境中，他们就会变得异常兴奋和有激情，对每一件商品都相当热情，甚至不顾自己的经济承受能力。

有专家表示，对于患有购物癖的人来说，购物的过程往往是短暂的，所以其兴奋状态也是一时的，在冲动下购买的很多物品并不是自己所需的。因此，他们回到家后无法感受到真正的快乐，而疯狂购买之后只会让其陷入情绪"低潮"，也因此造成一定的经济负担，从而导致家庭关系比较紧张，这让"购物癖"们的心情更加痛苦。

据媒体报道，四川一位林女士非常喜欢网购或是去商场买东西，每个月都要花费上万元，而她所买的很多东西根本不是她所需的，堆积在家里占了很多地方。不仅如此，她还偷偷在外面贷款买东西。这让丈夫对其越来越不满，时常为此吵架，甚至有几次两个人还在购物场所大打出手。

哪些人最容易患上购物癖呢？有心理学家经过研究总结出以下两种人群：

1. 自我意识比较强的人。一般来说，这类人对自己的要求比较高，总认为自己离理想的生活比较远，所以，他们就会通过大肆购物来获得心理上的满足，以此进行"自我修复"。其实，这类人大多并不是很富有，但总希望自己拥有富人才买得起的东西，只有这样才能满足他们做"富人"的心理和愿望，比如案例中的夏芳。

2. 追求物质享受的人。这类人往往会将获得某种物质条件作为自己奋斗的目标，对他们来说，似乎只有获得物质享受，才能解决生活中所有的问题。

据调查发现，患有购物癖的人有 90% 是女性，而且她们对衣服有尤其强烈的购买欲，这表明患有购物癖的女性喜欢用自己的外在形象来"修补"自己。另外，女性的传统购物角色也促使她们易患上购物癖。

现如今，越来越多的年轻人群体开始患上了购物癖，并且成为世界性的问题，严重影响了他们的心理平衡，让他们只有在获得物质满足的情况下才会感到快乐和产生动力；如果没有了物质刺激，他们就会对学习和工作丧失兴趣，情绪一直处于低落的状态中。那么，如何才能摆脱这种状态呢？对此，有专家提出以下几点建议：

1. 对自己要有客观的认识。如果不想让自己成为购物癖的牺牲品，首先要学会面对真实的自己，客观地认识自己，对现实中的自己和理想的自己有一个正确的分析和评价，做自己力所能及的事情，而不是盲目地去追求脱离实际的物质享受。另外，在节假日中要懂得理性消费，克制不合理的购物欲望，从而预防诱发购物癖。

2. 买东西前进行理性思考、分析，从而抑制购物冲动。在买东西前进行理性思考和客观分析，知道哪些东西是自己必需的、有用的，哪些东西是不需要的、不实用的，并计算一下购买不实用的东西所需的资金，从而可以有效地抑制自己的购买冲动。另外，去逛街时尽量少带一些钱或卡，尽量不要使用信用卡，防止冲动消费。

3. 充实自己的生活。如果想要抵制物质的刺激，不妨试着让自己的生活变得充实、丰富起来，将购物行为转化成其他行为。比如，约朋友去爬山、看电影、健身等。

异手症：为何总是"手不由己"

曹阿姨是一位退休的小学老师，退休后的她依然没有闲着，开始重拾自己的兴趣爱好——音乐，她不仅经常参加社区的老年人歌唱团，还在家中自学钢琴，从简单的五线谱慢慢学起，几个月之后，曹阿姨就能弹一两首曲子。而且她唱歌也很好听，经常作为歌唱团的领唱。这让其他老人都羡慕不已，都说曹阿姨在音乐方面很有天赋，而且生活过得多姿多彩。可最近，在曹阿姨的身上却发生了一些怪事。

有一天，曹阿姨准备下楼去参加社区的歌唱团训练，她伸出右手将门打开后，左手却不由自主地把门关上。起初，曹阿姨没有在意，但反复几次，门始终没有打开，她才意识到自己的手好像不听使唤似的。最后，曹阿姨让老伴帮自己开了门。

又有一次，她想让其他老人来自己家中做客，便准备洗一些水果来招待他们。可她在厨房洗水果时，右手将水龙头打开后，左手就会不由自主地将其拧紧关上，反复好几次。最后，也是老伴帮她洗了水果。

此时，曹阿姨才意识到自己的身体可能出了问题。因为在此之前，她也曾出现过类似的状况：有一次，她拿出纸抄写一首曲子，右手去写时，左手就会不由自主地将纸揉碎，反复几次，也没有写成。后来正好电话响了，她忙着去接电话就把这事忘了。现如今，身体又出现了同样的状况。

于是，曹阿姨在女儿和老伴的陪同下去医院进行了检查。经检查得知，曹阿姨可能患上了异手症。

何谓异手症？它是一种不寻常的神经病症，患有这种病症的人的手好像受到其他人控制一样。异手症之所以被大家发现，并被全世界知悉，是因为一部电影，它是 1964 年由斯坦利·库布里克导演的电影《奇爱博士》，奇爱博士就患有这种病症，他的右手总是不受控制地行纳粹军礼。所以，异手症也被称为奇爱博士综合征。

一般来说，异手症患者的手与他们的正常行为很不同，他们往往无法控制自己手部的动作。比如，想要脱去外衣，解开纽扣时，左手就是不能配合右手完成这个动作，总是需要他人的帮忙。再如，案例中曹阿姨出现的状况：右手将门打开时，左手却不由自主地将门关上等。

目前，专家对异手症产生的原因并不是很清楚，但根据推测，它可能与左右脑同时对肢体进行支配有关。众所周知，大脑是由左右半球组成的。而连接两个半球的则是胼胝体，它如同一座桥梁，将左右脑的信息交流协调起来。如果胼胝体被损害，就会出现右脑无法读取左脑信息的情况，从而使右脑所控制的左侧肢体总是不受控制，而是自己做一些动作。比如，大脑曾经动过手术、中风或是患过传染病等，这些情况都会引发异手症。案例中的曹阿姨就曾经做过脑外科手术。

心理学专家表示，现如今还没有治疗异手症的有效方法，最好的解决方法就是给异手症患者的那只不听使唤的手提供一个可供把玩的物体，以让它充分地"忙起来"，从而避免它做出对患者造成伤害的事情。

不过，异手症和现如今网上流行的热词"手欠"是完全不同的。有很多网友经常在网上发出"我怎么就管不住自己的手呢""我的手怎么这么欠呢？""为什么总是会做一些让人无语的事情呢！"等疑惑。

在某网站上，有网友还专门成立了一个"手欠小组"，并附有"说明书"，给予其这样的定义："手欠，就是明知道结局是什么，可是还是忍不住要去做某件事。手欠，就是明明自己都在鄙视自己，可是还是忍不住。为什么总是会手欠？无数次发誓再也不要手欠了，可是总是会去手欠，真的不要再手欠了。今天，你手欠了吗？"

这个小组中，经常有网友晒出一些关于自己手欠的糗事：

网友 A：闲着无聊，翻看手机中的各种功能设置。看到"恢复出厂设置"这个功能键，手欠地点了下去，结果，手机中的所有资料、照片等全没了，怎么折腾也弄不回来了，真是相当鄙视自己。

网友 B：在坐公交车时，看到公交车座椅后面有一张广告贴纸，坐在那里闲着无事可做，手欠地去抠那个广告。结果，贴纸没有被抠下来，抠得只剩下一小半，看着着实难看，想给恢复原状也不行了。

网友 C：腿上有一个伤疤，每次看到它就会手欠地去抠。结果，每次刚刚结疤，我就把皮给抠掉了，最近一次竟然抠出血来。

网友 D：每次开水龙头洗手时，洗完之后，用手关了水龙头，又会手欠地再洗一遍，有时候甚至洗好几遍，总认为手接触了水龙头，还要再清洗一遍。

　　……

有心理学专家表示，生活中的这些手欠行为并不是异手症，它与异手症是完全不同的，比如，用手抠公交车上的广告或是抠伤疤等行为只是一种焦虑的表现，从而让人产生手欠的举动。这是因为很多人在百无聊赖时会不知道手该放在哪里，也是一种下意识的举动。而关水龙头后反复洗手，就像出门前反复检查是否关掉燃气或锁门一样，属于一种强迫症。

想要区分手欠和异手症，关键是看行为是否受精神控制。虽然手欠的举动有时候好像不听大脑的使唤，但思维仍然是自主的，手并没有失控，精神是可以控制手的。所以，手欠而做出的某些举动并不是异手症。

红脸病：每日如同惊弓之鸟

程悦是一名高中女生，学习成绩不错，总是位居班中前几名。不过，她的性格比较内向、敏感，而且不喜欢主动与人交往。所以在学校中，她总是独来独往。可最近，程悦不知为何成绩一直往下降。父母开家长会得知这件事后非常担心她，问女儿发生了什么事，她支支吾吾也没有说出来。

于是，在老师的建议下，父母带着程悦去咨询心理医生。当心理医生与程悦对话时，发现她的眼神躲闪不定，看起来非常紧张，而且脸涨得通红。后来，在心理医生的引导下，程悦才渐渐说出成绩下降的原因。

原来，程悦曾在一次自习课上发生了一件难堪的事情：当时，大家都在认真地上着自习，而程悦因为肚子不舒服，一直忍着疼痛没有去卫生间。当下课铃刚刚响起时，她就立刻跑了出去。可没想到，因为跑得比较急，刚出门口就与一个男生相撞了，而且还撞在那个男生的怀中。这让正处于青春期的程悦感到很难堪，当她听到班里的同学都在"哈哈"大笑时，恨不得找个地缝钻进去。

其实，这件事本来没什么，可对于内向而敏感的程悦来说，却承受着巨大的心理压力。她总感觉同学在说话或是开玩笑时都是在议论自己、嘲笑自己。虽然她在心里面也告诉自己：这只是一个偶然的尴尬事件，谁都有可能会发生，没有必要在意，也不要因此而惴惴不安。可一旦进入教室，她就会不由自主地想起那一幕，与同学交流时，也担心同学会因为那件事而嘲笑自己。

从那之后，她更加不敢与同学们交流，并且心存恐惧，一旦与同学说几句话，她心里就会突然"咯噔"一下，心跳加快，脸涨得通红，这往往让他人莫名其妙，也让程悦更加感到难堪。所以，致使程悦一直处于焦虑、痛苦的状态中，即使上课、吃饭、睡觉等都会想着这件事。

久而久之，由于上课不专注听讲，程悦的学习成绩开始直线下降，这更让她产生了退学的念头。

其实，在程悦身上所发生的情况就属于赤面恐怖症，又叫赤面恐惧症或是红脸病。它是指当与陌生人或是异性说话时总会脸红。其实，当我们在不熟悉或是比较重要的场合中时出现紧张、心跳加快、脸红等情况是很正常的。但因为曾经发生难堪的事情而造成巨大的心理压力，总认为他人在议论自己，这就是一种心理障碍，即赤面恐惧症。

对于赤面恐惧症患者来说，他们在与人交谈时会很容易脸红，其实他们也告诉自己这并没有什么可怕的，也想要做出改变，能够正常地与他人交往，但结果并非他们所想。当与人交谈时，他们会突然心跳加快，一股热血往脸上涌来，致使脸变得通红。这不仅让自己感到难堪，也让交谈对象感到莫名其妙，从而会被他人笑话，导致患者更加不敢与人交流，与人交往时产生了恐惧和焦虑，就像一只惊弓之鸟。可是，他们又渴望与其他人交往。

所以，在他们的身体里往往存在两个不同的"我"：一个比较害羞、懦弱；另一个则总是强迫自己做出改变。这两个"我"经常在内心做斗争，致使患者精神上感到过于沉重和疲惫，从而患上了红脸病。对此，心理学家表示，这种病症不仅是一种属于强迫症的心理障碍，而且还是一种社交恐惧症。

红脸病是如何形成的呢？有专家分析，当我们与不熟悉的人或是比较重要的人交往时，往往会出现紧张、激动等状况，并且会反射性地引起人体交感神经兴奋，去甲肾上腺素等儿茶酚胺类物质分泌增加，导致人的心跳加快，毛细血管扩张，就会表现出脸红。其实，这是人际交往的正常反应。随着时间的推移，很多人都会习以为常。

可是，如果是性格内向、敏感，而且缺乏自信的人，就会特别在意他人对自己的评价，非常注意自己在他人面前的表现，从而会对脸红格外在意，并且担心他人会因此而议论自己。本想不让自己脸红，却无法控制，所以见人脸红就成了心病。在与人交往时，便会担心自己脸红，在交往的过程中更是高度关注自己有没有脸红，久而久之，就会在大脑的相应区域形成兴奋点。一旦进入交往的环境中，他们就会感到脸上发热，并且内心焦虑不安，再加上他人的议论和嘲笑，更会让患者感到紧张、害怕，从而形成了红脸病。

患上红脸病往往会让患者处于焦虑、抑郁的状态中，而且还会导致记忆力衰退、失眠、心理上产生恐惧感等，从而无法集中精力学习、工作。对此，专家建议，可以通过适当的心理调节来起到舒缓的作用。那么，具体应该怎么做呢？可以通过以下几个步骤来调节：

第一步，找出脸红的原因，并将其写下来。想想到底是什么原因、什么情况会导致自己容易脸红，将这些原因和情况在卡片上都写下来，并按照由轻到重的顺序将其排列好，将最轻的放在前面，将最重的放在后面。

第二步，进行放松训练。具体的方法是，让自己置身于一个安静而舒适的环境中，坐在一个能让自己全身放松的座位上，慢慢地深呼吸，以让全身放松。待全身放松后，拿出刚刚准备好的卡片，由轻到重来幻想各种脸红的情境，幻想得越逼真、越鲜明，越能起到有效的调节作用。

第三步，直到幻想不会让自己脸红才停止练习。在幻想的过程中，如果感到脸红或是有些不安，就停下来不要再幻想，而是通过深呼吸让自己慢慢放松。在彻底放松后，再幻想刚才的情况，如果脸红和不安再次发生，就再次停下来进行放松。反复进行多次，直到卡片上的情况不再让自己脸红或不安为止。

第四步，按照相同的方法依次幻想卡片上的情境。需要注意的是，每次进入下一张卡片的幻想时，要以自己在幻想上一张卡片描述的情境时不再感到脸红和不安为准，否则，不要进入下一个阶段。

除了按照以上这些步骤来调节心理外，还可以通过向亲朋好友倾诉来寻找心理安慰；对自信心进行训练，以克服自卑感，培养自信；当心里感到紧张时，可在手中握着某些小物件，以让自己获得安全感等。

嗜睡症：对身体产生危害的"睡美人"

杨恺从事销售行业已经好几年了，由于每天的工作都有指标和任务，如果完不成绩效就会受到影响，而绩效则与自己的工资挂钩，所以他不得不拼命去做，一天下来他总感到筋疲力尽，有时候甚至连饭都不想吃。不仅如此，由于工作任务量比较重，杨恺每天都要加班到很晚，有时候工作忙不完，还要带回家处理，每天都要到凌晨一两点才睡。久而久之，他长期晚睡早起。

慢慢地，杨恺变得非常嗜睡，而且这种睡意很难抵挡，有时候他白天正在工作时竟然就趴在桌子上睡着了，有时候则是在吃饭时就睡过去了，而且一睡就能睡好几个小时。起初他没有在意，以为是最近没有休息好的原因。但后来，这种无法抗拒的睡眠情况越来越多，有时候他竟然能够在白天睡上七八个小时，而且睡完之后并没有感到精神有所恢复，而是感到神志不清、全身非常疲惫等。

不仅如此，杨恺发现自己的记忆力也在不断地下降，总是忘东忘西，在与同事开会时，明明前一秒还想着要说什么事，后一秒却怎么也想不起来；他到外地出差时，同事让他帮忙带一些当地的特产，虽然他口头上答应一定带到，但回去时却忘得一干二净。

在学习新事物的能力上，他也没有以前那么顺手了，总是显得非常笨拙。当领导有新的任务交给杨恺时，原来很快就能上手的他却怎么也理不出头绪，不知如何下手。这让杨恺感到非常苦恼和痛苦，不知道自己到底是怎么了。

有一次，杨恺在家中醒来后发现自己的身体似乎不能动弹似的，他想要去拿身边的眼镜也没有力气，在持续几分钟后，他的手才有了知觉。这让他感到害怕，急忙去医院进行检查。经医生仔细检查发现，杨恺是患上了嗜睡症。

何谓嗜睡症呢？嗜睡症是指白天过度睡眠，但这并不是由于不足的睡眠量导致的，或是在醒来时达到完全觉醒状态的过渡时间比较长的一种症状。嗜睡症的发作过程是每天都会出现睡眠紊乱，持续时间超过三个月，或是反复发作，从而对患者造成痛苦或是其他负面影响。嗜睡症是一种神经功能疾病，这种疾病的发病率是万分之六，在每个年龄层都有可能发生，而且男性患病概率要高于女性。

在医学上，专家将嗜睡的症状划分为以下几种：

1. 白天会产生过多的睡意。这种症状是最为明显的，而且始终都存在。

2. 猝倒。这种症状的发生是因为肌肉功能突然或是暂时性消失，从而引起头部或是身体在没有丧失意识的情况下发生瘫痪，会持续几秒钟或是几分钟。一般来说，轻微的症状表现为口吃或是说话含糊不清、手指无力，拿不起东西等，严重的话则会出现膝盖弯折，让人产生虚脱之感。通常在兴奋、生气等激烈情绪下也会引发猝倒。

3. 睡眠瘫痪。是指当患者醒来时暂时不能运动，往往会持续几分钟，这与猝倒的症状类似。

4. 催眠性幻觉。这种症状常常发生在入睡时或是发生睡眠瘫痪之前，脑海中出现如同梦境般的影像，内容通常非常恐怖。

那么，什么情况容易引发嗜睡症呢？现代医学中关于嗜睡症的病因并没有完全明确，据国外一项调查显示，长期睡眠不规律会引发嗜睡症。有85%的患者嗜睡症病发前会有一些诱发因子，比如，严重的睡眠不足、长期昼夜轮班工作、头部受到伤害（头部外伤、脑瘤）等。另外，嗜睡症还与基因、环境因素以及中枢神经疾病有关。

因此，治疗嗜睡症必须进行正确诊断，搞清楚其病因再加以治疗，从而有效改善患者的嗜睡症状。那么，具体的治疗方法有哪些呢？对此，有专家提出以下几种方法：

1. 药物治疗。医学专家建议，嗜睡症患者可服用兴奋剂来改善白天嗜睡的情况。另外，在白天时要有规律地小睡一段时间；如果患者出现猝倒和睡眠瘫痪的症状，则可以用抗抑郁剂进行治疗，以消除这些症状。

不过，不管服用何种药物，都必须在医生的指导下使用，因为有的药物具有副作用。

2. 心理治疗。心理学家表示，心理调节对嗜睡症患者的自尊、感情支持可以起到非常重要的作用。有些嗜睡症患者由于不能发挥自己的潜能而被其他人或是亲朋好友嘲笑懒惰，这种情况更应该采用心理治疗，消除与发病有关的不良心理因素，避免精神受到刺激，帮助他们建立正常的生活规律。

另外，在进行心理治疗的同时，也可以采用药物治疗，使用小剂量的精神兴奋药物。

3. 多参加一些有益身心的活动。专家建议，嗜睡症患者要多参加一些有益身心的活动。比如，每天不少于一小时的体育运动，以让自己的身心变得兴奋起来；多参加一些歌唱比赛等集体娱乐活动，让自己变得更爱社交；多培养自己的兴趣爱好，让自己的生活态度更加积极。

Part 5

离经叛道的人格怪癖：偏离正常轨道的怪行为

偏执型人格：世界充满了"阴谋"

晓君与于乐是一对恋人。在外人看来，于乐是一个非常优秀的男生，在一家业绩不错的公司上班，而且对晓君很体贴、爱护。因此，很多人认识他们的人都说晓君的运气真好，找了这么一个称心如意的男友。没过多久，晓君就在大家的祝福中和于乐结了婚。本来，晓君还憧憬着婚后的幸福生活，可是她的婚姻美梦很快就被彻底击碎了。

有一次，晓君的公司组织员工两天一夜的外出旅游。可在公司的旅游活动结束后，有几名同事还想到其他地方游玩两天，正好也有假期，而晓君也很喜欢旅游，便与他们一起多待了两天。旅行结束后，晓君回到家时却发现于乐满脸的不悦，还没有等她把行李放下来，于乐就责问道："公司不是组织两天一夜的旅行，你怎么在外面待了四天才回来？"

晓君向于乐解释了一番，但于乐依然不满地说："我向你同事打听了，和你一起去游玩的同事大都是男性，而且还未婚，你们这几天是怎么住宿的？"晓君又向他详细地解释半天，但于乐依然不相信。最后，两个人因为这件事争执了大半夜。从那之后，于乐总是怀疑晓君私下里与其他男同事关系暧昧，所以经常打电话追问她在哪里、与谁在一起等。

不仅如此，当晓君因为公司聚会晚回家或是被于乐碰到与男同事走得太近时，他就会乱发脾气，不管晓君怎么解释，他都听不进去。后来，在争执的过程中，他竟然开始动手打晓君，晓君的身上常常是青一块紫一块。可事后，于乐又会痛哭流涕地乞求晓君的原谅。

这让晓君越来越忍受不了这样的婚姻生活，她向于乐提出离婚，可于乐死活不答应，还声称如果晓君与他离婚，他就会对她的家人进行报复，而且会永远缠着她。

案例中的于乐的行为就属于偏执型人格的表现，也被称为妄想型人格。偏执型人格的行为特征是：非常敏感多疑，思想行为很固执、死板；心胸狭隘，容易产生病态的嫉妒、怨恨，无法宽容他人的过错；无端地怀疑伴侣不忠、将无意的或是好意的行为看成是恶意的；对挫折和拒绝过分敏感；总是将一些事物解释为不符合现实的"阴谋"；对自己评价过高，以自我为中心。

对于偏执型人格者而言，他们的关键问题是不信任他人。在某些特殊的情况下，每个人都有可能对他人心存怀疑、警惕，或是不信任他人，这是可以被理解和接受的，但偏执型人格的人则是在大多数情况下都如此，即使对身边被认为是忠实可靠的人也是这样。所以，这类人总是处于高度警惕的状态，时刻提防他人的攻击，从而表现出敌视、愤怒等行为。

心理学家研究发现，偏执型人格的人几乎没有自知之明，他们对自己的偏执行为也持否认的态度。据调查发现，偏执型人格患者中以男性居多，不管是内向型还是外向型的人，都可能出现这种人格特征。有专家表示，具备这种人格的人大多与家人不能和睦相处，也不能与朋友、同事相处融洽，所以，遇到这类人最好敬而远之。

偏执型人格是如何形成的呢？有专家总结出以下几点：

1. 成长经历造成。患者在幼年时可能生活在一个缺乏父爱或是母爱的家庭环境中，而且经常受到指责和否定，导致他们的性格变得很孤僻，不愿与他人交流。有研究发现，在单亲家庭成长的孩子易出现偏执型人格。另外，在成长期间他们常会遭到一些打击和挫折，导致他们形成怀疑和不信任他人的性格。

比如，案例中的于乐就是生活在单亲家庭中，爸妈在他很小的时候就离婚了，他与爸爸一起生活，爸爸对他要求非常严格，一旦做不好某些事情，就会对他百般指责和否定。

2. 自我要求较高。 由于患者总是被强烈的孤独感所包围，他们一向不喜欢向他人求助，对自己有很高的标准和要求。可这些要求与自身的不足往往形成了很大的矛盾和冲突，他们却不愿公开承认自己的不足。比如自己的才能并不出众，却总是要求自己必须在某个领域做出一番成就等。

3. 社会环境的影响。 有些人之所以出现偏执人格，可能是受到环境影响，比如经济状况不太好的人往往会回避谈论自己的经济问题，学历不高的人往往会讨厌他人谈论学历等。

对于偏执型人格患者来说，他们总是对他人和周围的环境充满了敌意和不信任感，即使一点小事因为极其敏感的内心也会引起轩然大波。那么，如何才能解决偏执带来的危害呢？有专家提出以下几种方法：

1. 学会忍耐和提醒自己。 在日常生活中，我们很容易遇到各种冲突和摩擦，这些都是在所难免的，此时，必须学会忍让和克制，避免让怒火毁了理智。另外，要学会经常提醒自己，芝麻小事不要放在心上，大事化小小事化了，做人做事切不可斤斤计较，不要因小失大，这样能够缓解自己对他人的敌意心理和强烈的情绪反应。

2. 懂得尊重他人。 对那些曾经帮助我们的人学会说一些感谢之类的话，而不是对他人的帮忙视若无睹、无动于衷。同时，试着对他人保持微笑，刚开始可能会很不习惯，但习惯了就会感到很自然，而且会做得越来越好。

3. 自我心理暗示。 当遇到不开心或是不如意的事情，不妨给自己心理暗示，努力消除对他人的不信任感以及对周围环境无端产生的敌意，从而能够弱化对抗的心理，减少对抗的行为。

反社会型人格：如同有攻击性的猛兽

在外人的眼中，小胡从小就是一个让人不省心的孩子，只要父母指责他几句，他就会立刻跟他们顶嘴，而且还动不动就离家出走。不仅如此，他经常与同龄的孩子打架，原因都是因为一点小事而引起的，可他总是将对方打哭，甚至还会打伤，这让很多孩子的父母都去小胡家找其父母理论。正因为如此，小胡的父亲经常对他严厉地斥责、打骂。后来，父母的关系变得很不好，他们经常会在家中发生争吵，而父亲则会拿小胡出气，对他拳打脚踢。

小胡在上学期间也是如此，不仅不好好学习，而且经常与同学打架。有一次，老师对他进行管教时，他竟然将拳头伸向了老师，把老师的眼镜都打坏了。即使学校给予他严厉的警告和处罚，但他依然不知悔改，声称要对老师进行报复。在一次放学后，他竟然尾随老师，得知老师的住处后，趁老师不在家时，用万能胶水堵住老师家的门锁，而且还用石头将其大门划坏。

他不仅对男老师如此，对女老师也非常过分。在他上初中时，有一位女大学生在他们学校实习。由于那位女老师不仅长得漂亮，而且对学生也很温柔，小胡对她萌生爱意，并向对方表白，可遭到了老师的拒绝。此后，小胡不断地对那位老师进行骚扰：在老师的书中夹一些纸条，在纸条上写着很难听的话；在老师的课堂上故意捣乱，导致她不能正常工作；经常在晚上放学后偷偷地跟着老师。

这让那位实习老师感到很害怕，并将这事上报给了学校领导。学校领导让小胡做出道歉，并写悔过书，但之后没多久他又故态复萌。最后，那位老师实习没有结束就离开了学校。

后来，小胡初中还没有上完就步入了社会。在社会上，他变得越发不守规矩：工作频繁地更换，不是因为他做事不负责的态度，就是在工作中总是寻衅滋事。正因为如此，他成了派出所的"常客"。

案例中的小胡就属于反社会型人格，又被称为无情型人格或是社会性病态，具备这种人格的人往往对社会产生严重的影响。一般来说，这类人具有很强的攻击性；不能从经历中吸取经验教训；做事总是比较冲动，而且不负责任；抗挫能力非常差；不能预见自己的行为所带来的消极后果，没有任何道德感或是罪恶感；工作失败，有坐牢经历等。

心理学家表示，反社会型人格是一种心理疾病。据美国一项调查显示，美国大概有760万人有反社会型人格，而且男性的反社会型人格发病率要高于女性。

比如，《水浒传》中的李逵，有些人认为他是快意恩仇的勇士，但有的人却认为他具有反社会型人格。在他一出场时就是杀人逃犯，不仅不守法，也不遵守江湖规矩，甚至有一次差点杀了大哥宋江。

如何判断一个人是否具有反社会人格呢？有专家总结出以下几个特征，只要符合其中3个，则在临床上就可以被诊断为"反社会人格"：

（1）不能遵守社会秩序和规范；

（2）做事总是非常冲动，没有任何计划；

（3）很容易动怒，而且对他人具有较强的攻击性；

（4）习惯欺骗和操纵他人；

（5）没有丝毫的责任感；

（6）从来不懂得顾及自己或是他人的安危；

（7）在做出伤害他人的事情后丝毫没有悔恨之意。

那么，反社会型人格是如何形成的呢？有专家总结出以下几个原因：

1.遗传因素。医学研究表明，血缘关系越近，则反社会型人格的遗传发生率就越高。比如，患者父母的异常脑电波率较高；同卵双胞胎的性格一致率较高，脑电图也非常相似，犯罪率往往会超过异卵双胞胎。

2. 家庭因素。一般来说，在家庭环境中，反社会型人格的孩子往往无法与家人建立融洽、和谐的关系。这不仅与父母的教育方式有关，还与他们自身的文化程度、经济状况、婚姻状况等有关。

比如，如果父母关系融洽，孩子会受到良好的影响，反之，如果父母离异或是关系不好，则会导致孩子的童年创伤。像案例中的小胡，在他童年时期，当父母关系不融洽时，爸爸就会拿他当出气筒，这是导致他反社会型人格形成的原因之一。

3. 文化因素。与东方文化相比，西方文化更易产生一些暴君式的人，所以在国外更易出现反社会型人格的人。这是因为西方文化强调个人主义，而东方文化则是注重家庭，避免常人做出特别过分的事情。

由于反社会型人格的人不仅会对他人造成伤害，对社会的安定也造成很大的影响，所以，对这类人要进行有效的预防和治疗。那么，具体的方法有哪些呢？有专家提出以下两种方法：

1. 心理治疗。这种方法对反社会型人格可以产生积极的作用，能够帮助他们建立良好的人际关系。首先，用关心的态度来对待他们，让其认识到自身的个性缺陷；其次，指出他们的个性是可以改变的，以鼓励他们树立信心，改造自己的个性；最后，鼓励他们积极地参加一些治疗性社区活动，以控制和改善他们的偏离行为，让其丢掉那些已经形成或是习得的不良习惯，重塑或是重建人格，从而向好的方向发展。

2. 药物治疗。虽然药物不能改善人格结构，但对某些表现具有一定的效果。当患者情绪不稳定时，可以根据他们的具体情况给予相应的药物治疗。

冲动型人格：绽放的凤仙花

魏源是某中学的一位历史老师，很多同学都喜欢听他的课，因为他总是能将枯燥乏味的历史知识讲得生动有趣，有时候即使不拿课本，他也能声情并茂地给学生讲课，而且讲得准确无误。所以，魏源不仅受到学生的喜欢，也备受学校领导的青睐。可是，在处理一些小事情上，魏源的反应却让人看不懂。

有一次，他走进教室准备上课时，两个学生却在一个角落中打架。魏源本想将他们拉开，让其回到座位上准备上课。可是，在此过程中，由于一个学生用力过猛，直接打到了魏源的身上，这让他有些生气，对那名学生批评了几句。可那名学生却不接受，还当场顶撞魏源。

这让魏源感到有些难堪，毕竟很多学生都在那里看着。他用手中的书敲着那个学生的头，本想再教训几句。可那个学生却抬起手来挡，这让魏源立刻火冒三丈，直接将书扔在一边，改用脚踢，一脚将那名学生踢得趔趄倒退，然后愤怒地摔门而出。

虽然事后他感到有些后悔，但每次遇到类似的事情，他都控制不住自己的情绪。其实，很多同事也反映魏源平时性情就有些急躁，常常会因为一点小事与他人大打出手。

一天中午，几个同事在一家餐馆吃饭，正当他们吃着时，附近一桌的客人吃完准备离开，可在离开时不小心蹭到了魏源。本来就是一件很小的事情，对方道个歉也就没事了。可魏源却与对方发生了争执，继而大打出手。后来，几个同事好不容易才将他们拉开。

案例中的魏源就属于冲动型人格，冲动型人格障碍也被称为爆发型人格障碍或是攻击型人格障碍，是一种因为微小的精神刺激而突然爆发出极其强烈而又难以控制的愤怒情绪，同时还伴有冲动行为的人格障碍。

一般来说，这类人的情绪很不稳定，并且缺乏控制冲动的能力，暴力或是威胁性行为的突然爆发很常见。当事情发生时，他们会感觉大脑一片空白，全身肌肉紧张，从而产生冲动性行为，如同凤仙花一样，轻轻触碰一下就会炸出很多籽儿。

冲动型人格与上一节中所讲的反社会型人格是不同的：冲动型人格的人虽然会产生冲动行为，但在冲动过后，他们常常会后悔不已，并且具有阵发性的特点，在不发作时，他们是正常的，在人际交往中有时也能建立良好的人际关系；而反社会型人格的人则是想做什么就做什么，事后没有丝毫的悔意，也没有任何的愧疚感和自责感，在人际交往中只能维持比较肤浅而短暂的友谊。

冲动型人格是怎样形成的呢？有专家总结出以下几点原因：

1. 心理原因。心理原因主要包括三个方面：第一，自尊心受挫。特别是对于年轻人来说，他们的自尊心往往比较强，如果经常遭受挫折，其反应会变得异常敏感、强烈。挫折理论也表明：在日常生活中，每个人或多或少都遭遇过挫折，所以每个人都有一定的攻击性；遭受的挫折越大，越有可能出现攻击行为，甚至会使用暴力。

2. 角色认同。尤其是进入青春期的男生，他们总认为自己已经是成人了，是一个男子汉了，便热衷于男子汉角色的认同和片面理解，强调男子汉的义气、果敢、力量、攻击等特点。所以，在同龄人面前，尤其是有异性在场时，他们就会表现出较强的攻击性，以证明自己是一个"顶天立地"的男子汉。

3. 自卑的补偿方式。每个人可能会因为家庭背景、经济条件、工作情况等产生自卑心理，心存自卑的人会寻求自卑的补偿方式，如果用冲动、打斗来作为补偿方式，就会出现攻击性行为。

比如，案例中的魏源在上大学时就相当自卑，因为他是在大都市上的大学，而从小山村出来的他总是感到自己处处不如他人。由于自卑心过重，他常常会通过冲动的行为来寻求自卑的心理补偿。久而久之，他就会因为一点小事而出现攻击性行为。

4. 生理原因。医学研究表明，攻击行为是有生理基础的。心理学专家表示，由于小脑成熟延迟，传递快感的神经通路发育受到了阻碍，从而很难感受和体验愉快与安全，这可能是攻击行为发生的原因之一。有医学调查报告也显示，很多暴力犯罪者的脑电波会呈现异常状态。

5. 家庭和社会原因。有专家表示，攻击性行为往往与家庭教育有着很大的关系。如果父母过于宠溺孩子，会导致孩子的个人意识太强，受到限制就会采取攻击性的行为进行还击；如果父母过于专制，经常打骂孩子，导致孩子的内心长期受到压抑，长此以往，郁积于心的不满情绪一旦爆发，就会选择较为激烈的攻击行为来发泄；有些孩子还会模仿父母的攻击性行为。

另外，现如今社会上有很多凶杀、武打的小说和电影，导致缺乏分辨能力的年轻人极易受到影响，进行模仿。同时，一些社会流行观念也影响着年轻人，比如，"老实人容易吃亏"等，导致他们产生攻击性行为。

有专家表示，冲动型人格的人会随着年龄的增长出现不同的变化，虽然会逐渐有所缓解，但依然在人际关系方面出现障碍，表现出对亲朋好友的敌对态度。那么，冲动型人格如何治疗呢？有专家提出以下几点建议：

1. 培养承受挫折的能力。专业的心理人士可以对患者进行细致地心理分析和沟通交流，让其正确地对待挫折，即正视困难和挫折，从中总结经验和教训，找到受挫的原因，并进行分析，而不是一旦遇到挫折就采取攻击性的行为。另外，通过各种手段来培养他们的心理承受和耐挫能力。

2. 开展青春期方面的教育。对于正处于青春期的孩子来说，应该多开展一些青春期生理和心理知识的教育，以让他们正确地认识自己以及自己的内在和外在变化。尤其是进入青春期的男生，要让他们认识到不能仅仅停留在自己身体的某些外部特征和行为变化上，还要鼓励其多自省，不断地完善自己的心理和个性。另外，多开展一些文娱活动，以让他们找到一个正常而合理的情绪释放渠道，并培养他们各种兴趣爱好，从而陶冶情操，让其身心健康成长。

3. 药物治疗。医学研究表明，很多冲动型人格障碍的人与情感性精神障碍有密切的关系。所以，在药物治疗上，可以给患者选择使用一些情感稳定剂等药物。

表演型人格：生活就像在演戏

　　陈佳和陈颖是一对姐妹，姐姐陈佳不仅学习成绩优异，而且长相甜美，所以，她经常受到父母和其他亲朋好友的表扬；而妹妹陈颖却没有姐姐那么出色，不仅学习成绩一般，而且长相也有些不尽如人意，所以，她很少得到父母的赞扬，在姐姐跟前，她就像是一只丑小鸭，这让她心里变得越发不平衡。渐渐地，陈颖变得越来越"怪异"。

　　有一次，家里有亲戚朋友来做客，当大人说话时，陈颖却总是在一旁打断他人的聊天，将话题引到自己的身上，声称自己在这次运动会上取得不错的成绩，而且还获得了奖项，以让大家对她进行夸奖。于是，其他人只好对她赞扬了一番。可当其他人开始新的话题时，她却在一旁打开电视，一边观看一边发出各种叫声，以吸引大家的注意力。

　　后来，她发现大家的注意力仍然不在她的身上，她便跑进房间中待了一会儿，然后打扮得花枝招展地出来了，并声称要给大家表演一个节目。虽然她的语言和动作过分夸张，但哭笑却很逼真，大家都夸她是一个很好的"演员"，以后可以去做明星。这让陈颖听后欣喜若狂，接着又要给大家表演。

　　不仅如此，她的脾气也变得越来越大，而且越来越自私。有一次，父母给她们姐妹俩买了一套书籍，以让她们在周末或是放假的时间看。可陈颖却将这套书放在自己的卧室中，即使不看，她也占着它们。姐姐陈佳每次想要看时，她都说"我正在看呢"。

　　后来，陈颖去参加夏令营时，姐姐便去她的房间里拿出那套书来看。陈颖回来发现书不见了，就在家中大声吵闹起来。得知姐姐拿走了那套书，她竟然指着姐姐叫嚣道："谁让你动我的书了？"姐姐便反驳说："这是爸妈给我们两人买的，让我们一起看的啊。"但陈颖却不管不顾地直接将书抢了过来，还差点将姐姐推倒在地，然后气冲冲地回到自己房间。之后，只要陈颖离开家，她就把自己的房间锁起来。结果，那套书一直都在她的房间中放着，不愿意与姐姐分享。

陈颖的这种"怪异"行为就属于表演型人格障碍，又被称为寻求注意型人格障碍或是癔症型人格障碍。一般来说，这种人格障碍大多会出现在女性身上，年龄在 25 岁以下，患病率为 2.1% ~ 3%。患有这种人格障碍的人往往过分感情化，总是用夸张的言行来吸引他人的注意力。

心理学专家表示，表演型人格是一种比较棘手的心理障碍，其表现一般有以下几个方面：

1. 过度以自我为中心。这类人非常喜欢他人的夸奖，并希望自己做什么事都能引起大家的注意。大家只有投其所好，才能让其满意，才会表现得欣喜若狂，否则就会不遗余力地攻击他人。另外，患有这种人格障碍的人在性心理发育方面往往不成熟，会表现出性冷淡或是过分性敏感。

2. 过于表现自己，以引起他人的注意。表演型人格者喜欢过分地表现自己，甚至有时候会装腔作势，以引起他人的注意。不过，他们确实有一定的艺术才能，哭笑都很逼真，非常有感染力。

3. 情绪易激动、变化无常。患有表演型人格的人只要受到轻微的刺激，就会有很大的情绪反应，而且常常会大惊小怪。由于情绪反应有些过分，所以会给他人一种肤浅、没有真情实感的印象。另外，他们的情感比较丰富，变化无常，很容易情绪失衡。

4. 习惯耍玩弄他人的花招。这类人常常会用玩弄他人的花招让他人就范，比如说谎、任性、谄媚等，甚至还会使用操纵性的威胁手段。所以，这类人的人际关系比较差，表面上看来他们比较暖心，但实际上却不顾他人的需要。

5. 有很强的受暗示性。心理学专家表示，具有表演型人格的人不仅有很强的自我暗示性，而且还有很强的被暗示性。他们往往喜欢幻想，总是将想象当成现实，如果现实不够刺激，他们便会通过幻想来激发自己的情绪体验。

表演型人格障碍是如何形成的呢？有专家分析，这与基因和家庭环境有很大的关系。有研究发现，当孩子在成长的环境中缺乏关爱、期望等，就会导致他们发展成为表演型人格障碍。比如，案例中的陈颖从小就缺乏父母和亲朋好友的关注与爱护，甚至被忽略，从而让她缺乏温情，渐渐脱离现实，用"怪异"行为来逃避生活中的不如意。

另外，父母不当的教养方式也是一个重要因素。有很多父母都期望孩子能够按照他们的期望来肤浅地表现自己，这是促成表演型人格的重要原因之一。比如，父母会让孩子向他人展示自己漂亮的容貌、舞台式的言行举止等，从而让孩子丧失真实的自我，缺乏自信，渐渐发展成虚假型自我，时时刻刻都在进行表演。

除此之外，表演型人格与反社会人格也存在密切的关系。美国一项研究表明，有三分之二的表演型人格障碍者达到了反社会型人格障碍的标准。其实，这两种类型的人格障碍在潜在的特质方面有相似的地方，只是男性与女性表现的形式不同。女性会通过"表演"来反映，而男性则以"反社会"等暴力的人格表现。

心理学专家表示，表演型人格障碍是一种很棘手的心理障碍，患有这种心理障碍的人还会出现自杀的现象。那么，如何矫正这种人格障碍呢？有哪些方法呢？对此，有专家提出以下几点建议：

1. 自我调整。由于这类患者的表达比较过分，让其他人难以接受，所以，他们要试着改变这种情况。首先，要向自己身边的人进行调查，听听他们对自己情绪表达的看法。得知其看法后，不要进行反驳，而是仔细想想自己的情绪表现哪些是他人喜欢的，哪些是他人讨厌的。他人讨厌的，要坚决改进；他人喜欢的，则适中表现。

其次，让亲朋好友给予自己提醒和评价，以让自己了解情绪表达的过分之处，以便在日后更自然、适度地表达。

2. 正视自己。如果不能正视自己的缺陷，只会让自己不断膨胀下去，导致心理异常越来越严重。因此，只有学会正视自己，才能做到扬长避短，才能更好地适应周围的环境。

3. 将计就计，进行艺术升华。具有表演型人格的人大多拥有一定的艺术表演才能，所以不妨将计就计，让他们进行艺术升华，即将其兴趣转移到表演中。众所周知，艺术表演都具有夸张的成分，演员常用自己的表情、语言来打动观众，所以，让表演型人格者投身艺术表演中，也是有效的自我完善途径。

4. 药物治疗。虽然药物并不能改变人格结构，却能改善某些症状，从而对治疗起到辅助作用。

边缘型人格：不受控制的情绪

周末，梁洁跑到闺密那里大吐苦水，她对闺密说："我真是受够了我的男友，这次我一定要与他分手，他总是无缘无故地冲我发火，而且对我忽冷忽热，有时候几天不跟我联系，有时候则是'夺命连环 Call'，将我的电话都打爆了。今天本来约好去外面吃饭，可在吃饭的过程中竟然因为一句话就对我大发脾气，而且还歇斯底里地与我争吵不休，真是无法再与他相处下去了。"

闺密听着她的抱怨不多说一句话，因为这种场景和话语她相当熟悉，梁洁与她的男友经历了无数次吵架、分手、和好的循环。她的男友常常会因为一件很小的事情而与梁洁吵得不可开交，每次梁洁都是气冲冲地跑到闺密这里抱怨不已。可后来，梁洁的男友不是道歉求饶，就是使用各种威胁的伎俩获得梁洁的原谅。前段时间，他们因为一点小事而吵得不可开交，当梁洁提出分手时，对方竟然对梁洁说，如果分手的话，他就会绝食，饿死自己。

正当闺密陷入回忆时，梁洁的电话响了，她刚接起电话语气就变得很着急："你怎么样了？没事吧？现在在哪里呢？"电话挂断后，梁洁对闺密说："我男友出车祸了，现在在医院呢，你陪我过去看看吧！我心里真是放心不下他，他说他此刻非常需要我。"闺密只好陪着梁洁去了医院。

可到了医院，她们却发现对方根本没有多大的问题，只是胳膊上有几道伤痕。梁洁的男友见到梁洁，立刻双腿跪在地上说："小洁，请你不要离开我，我不能没有你，都是我的错，是我不该小题大做。如果你离开我，我宁愿被车撞死。"梁洁听后，立刻关心地询问对方有没有不适。在确定男友没事后，两个人手挽手回家了。

后来闺密才知道，梁洁的男友为了挽回梁洁，竟然在家中用水果刀划伤自己的胳膊，他却谎称发生了车祸。

案例中的梁洁男友属于边缘型人格障碍，也被称为情绪不稳定人格。它最大的特点就是不稳定，主要表现在情感、人际关系、自我形象几方面：在情感上，边缘型人格的人的情绪可能会有反复剧烈起伏的情况，而且情绪转化得非常快，就像突如其来的龙卷风；在人际关系上，这类人往往很难或是无法与其他人建立稳定且持续的亲密关系，他们对别人忽冷忽热，前一秒可能还对人热情如火，后一秒则是冷淡得让人受不了；在自我形象和自我认知上，边缘型人格的人往往受到他们与其他人的亲密关系的影响，他们常常会陷入极端的理想化和自我贬低：与亲密的人在一起时，他们的自我评价很正常；可一旦与亲密的人分开，他们就会陷入自我厌恶中，认为自己一无是处。

心理学研究发现，边缘型人格的人往往在童年或是少年时就具备了这类人格特征，通常会有以下表现：

（1）人际关系极其不稳定，总是在极端的理想化和自我贬低间变来变去；

（2）长期感到精神空虚；

（3）总是做出一些疯狂的努力，以免自己被他人抛弃或是想象出来的被遗弃；

（4）会出现潜在的自我毁灭的可能性，比如疯狂驾驶、滥用药物等；

（5）会出现强烈的、难以控制的愤怒，比如常常发脾气等；

（6）会反复出现威胁或是自伤、自杀等行为；

（7）因为心境变化而导致情绪不稳定，比如由于情绪低落而焦虑发作，但只会持续数个小时，很少会达到几天；

（8）自我形象或是自我感觉有显著的不稳定性。

　　而在临床上，心理学专家总结发现，边缘型人格的人会出现以下几种症状：

　　1.具有"分裂"能力。所谓的分裂，是指患者在判断和分类时只会用黑白两面来看待一切。他们的世界就像是小孩子的世界，将所有的人或事都一分为二，无法将不同的情感整合在一起。尤其是对于自己的亲人和爱人，有时候他们看对方是非常完美的，有时候则会看成一无是处。所以，边缘型人格者的情绪状态是单一的，分裂往往是人们防御焦虑心理的一种反应。

　　2.不具备维持界限的能力。这里的界限可以是实际存在的，也可以是心理上的。可对于边缘型人格者而言，他们往往视这些界限为不存在，并且会侵入他人的界限。所以，当与这类人交往时，其他人会感觉对方总是在故意激怒自己。

　　3.不具备控制情绪的能力。对于边缘型人格者来说，如果不让自己的情绪影响其他人或是不用冲动的行为来释放这种情绪，就很难将这种情绪宣泄出来。所以，当他们遇到伤心的事情，他们有可能会去喝酒或是暴饮暴食等。

　　那么，边缘型人格是如何形成的呢？心理学专家表示，虽然这类人格障碍产生的原因与基因、脑区异常有关，但这种病并不是与生俱来的，原因可能有以下两点：

　　1.幼年创伤。有研究发现，有些人之所以形成边缘型人格障碍，可能是有幼年时期被父母家暴或是被陌生人性侵等经历。比如，案例中提及梁洁的男友就有幼年创伤，在他很小的时候父母就离异了，他与父亲一起生活，而喜欢酗酒的父亲一旦喝醉酒就会对他拳打脚踢。

　　2.与家人或是主要抚养者分离。心理学家经过研究发现，大多数边缘型人格者在童年时都遭遇过与家人或是主要抚养者分离的情况。在本来应该与父母建立依恋关系的阶段，他们却经历着孤独和被抛弃，所以，这让他们感到异常恐惧。而在成年后，他们会为了避免被抛弃而做出任何事情。

有心理学家曾这样描述边缘型人格："边缘型人格障碍患者就像一个身上 90% 的面积被重度烧伤的人，他们的情绪没有皮肤保护，轻轻的一个触碰就会引发极大的痛苦。"因此，这类人想要得到缓解和治疗，就需要重建自己的"皮肤"，学会疏导自己的情绪。那么，具体应该怎样做呢？对此，有专家提出以下几点建议：

1. 为边缘型人格者提供稳定感。对于这类人来说，他们非常渴求稳定的关系。由于幼年的创伤导致他们没能形成稳定的人际关系，在成年后即使非常渴望稳定感，却不知道如何去做。因此，对于他们来说，愿意陪伴并与其一起面对不稳定的情绪、懂得保护其边界而又不抛弃他们的人，是相当重要的。

不妨建议他们去接受专业的心理咨询，因为与朋友相比，心理咨询师接受过专业的训练，能够保持稳定的关系，以帮助其矫正人格障碍。

2. 不要责怪他们。对于边缘型人格者来说，他们对自己的性格会产生强烈的自责感，这与一般的自责有很大的不同，他们总是认为自己生下来就是一个"错误"。由于这种自责已经很难纠正，所以不要再对他们进行责怪，他们比任何人都希望自己更快地好起来。

3. 坚持自己的边界。想要帮助边缘型人格者，坚持自己的边界是前提之一。由于他们总是会以各种方式来挑战并试图突破他人的边界，并且想要操控他人，所以，我们此时要坚守好自己的边界，用温和的方式向其传递这样的信息：虽然我不能答应你的要求，但并不是抛弃了你。

Part 6

成瘾的癖好：无法抑制的依赖

网瘾癖好：不可小觑的"电子海洛因"

王明是一个品学兼优的初中生，一直以来，他都是一个让父母放心的孩子，不需要父母的督促就能按时完成作业，并且做好第二天功课的预习。因此，老师经常对他赞不绝口。让人意想不到的是，自从王明进入初三后，他的变化让所有人都吃惊不已。

他每天看起来都没有精神，而且常常在课堂上睡觉，无法准确地回答老师的问题；无法按时完成老师布置的作业，考试也开始出现不及格的现象；只要放学的铃声一响，他总是急匆匆地跑出教室；他原来积极地组织同学参加足球队，并带着他们训练，而如今的他几乎不再参加训练，同学都看不到他的影子；他经常会因为一点小事而与同学发生争执，有时候还会与他人打架。

当老师发现他的异常变化后，多次找王明谈话。可面对老师的谆谆教诲，他却不为所动，反应相当漠然，依然是我行我素，这让老师很无奈，只好联系他的父母，想与他们一起了解王明的情况。王明的父母这才想起来，在整个暑假里，王明天天都去网吧，本以为他是上网查资料，所以就没有过问他。此时，老师明白王明可能沉迷于网络游戏。

在一次放学后，老师发现王明出了校门后径直朝着学校附近的一个网吧走去。于是，老师便跟随在他身后，看他到底被什么样的网络游戏所吸引。当老师进入网吧时发现，王明正在玩一款非常暴力而血腥的游戏，而且嘴里时不时地说着脏话。这让老师相当震惊，看着眼前满嘴脏话的少年，很难与之前品学兼优的学生联系在一起。

随后，老师和父母都对王明进行了一番苦口婆心的劝导，可他却油盐不进，谁的话也不听。最后，王明初三还没有上完就辍学了，每天都混迹于网吧，有时候甚至因为上网而不吃饭。父母为此非常着急，却不知道该怎么办。

其实，像王明这种情况就属于网络成瘾，这种网瘾癖好又被称为网络过度使用症，是指由于长时间沉迷于网络，对其他事情都没有兴趣，从而对身心健康造成损害的一种行为障碍。据调查发现，12 ~ 18 岁的青少年是网瘾的高发人群，而且以男性居多，男女的比例是 2 ∶ 1。

心理学家研究发现，对于处在这个阶段的青少年来说，他们的大脑皮层发育不完善，甄别判断能力比较差，自控能力也很差，再加上他们正处于青春期，有着很强的叛逆心理，对新鲜的事物总是充满好奇心，喜欢追求刺激，以满足他们的心理需求。而网络的出现，比如网络游戏、聊天等，正好满足了青少年的心理需求，自然就会导致他们网络成瘾，所以，很多人都将网游称为"电子海洛因"。

现如今，随着网络的普及和覆盖，上网的群体日益扩大，而有的人由于长时间地面对电子产品，导致他们的身体和心理悄然地发生改变：眼睛酸痛、大脑昏昏沉沉、睡眠质量下降、记忆力减退等；还有人一旦发现网络信号不好或是断网就会焦虑不安、无所适从等。心理学专家表示，一般来说，网络成瘾的人会出现以下几种症状：

（1）睡眠质量差，没有周期性，并且经常会出现失眠、头痛等症状；

（2）平时对什么事情都提不起兴致，眼睛无神，但是一看到电脑就会两眼发光；

（3）经常会感到恶心、没有食欲、消化不良等，从而造成体重急剧下降或是上升；

（4）对人非常冷漠，情绪常常处于低落的状态，没有时间观念；

（5）总是无法抑制自己上网的冲动，在大脑中常常会出现与网络有关的事情；

（6）上网时间总是比预期的时间要长，只有花更多的时间在网上，才会获得心理上的满足；

（7）会因为上网而影响学习、生活以及人际关系等；

（8）注意力无法集中，记忆力发生减退的现象；

（9）上网的目的是逃避现实、缓解内心的焦虑。

那么，网络成瘾的癖好是如何形成的呢？有心理学家研究发现，大多数网瘾患者都有一个共性：逃避现实、缺乏生活目标和毅力。其实，形成网瘾癖好的原因有很多，主要包括以下几个方面：

1. 生理和心理方面的原因。心理学家研究发现，网瘾的高发人群是青少年群体，而这个阶段的孩子正处于青春期，有很强的叛逆心理，自控能力比较差，对新鲜事物有强烈的好奇心。另外，有些青少年由于学业失败而缺乏自信、内心感到空虚，为了满足他们的内心需求，就会逃避现实，选择在虚拟的网络中找到失去的自我和满足感，久而久之，自然就会网络成瘾。

2. 家庭方面的原因。不良的家庭教育是青少年网络成瘾的重要因素，一方面是由于很多父母工作忙，没有时间照顾孩子或是父母也对网络比较痴迷，导致孩子产生上网的欲望；另一方面是当父母发现孩子染上网瘾后，就会对其打骂或是放弃对孩子的教育，最终导致他们错过了戒除网瘾的最佳时机，从而毁了孩子的学业。

3. 社会环境的原因。随着网络的普及、网吧的出现、网络游戏以及有趣的聊天工具不断被开发等，满足了青少年的心理需求，而他们的意志力比较薄弱，喜欢群体活动，看到其他人上网玩游戏，就会争相效仿。所以，社会环境对青少年形成网瘾有着非常密切的关系。

心理学家经过研究发现，网瘾属于一种新型的心理障碍，是心理障碍一种更深层的表现。大多数成瘾者对网络有着强烈的依赖性，并成为他们不可或缺的生活内容。如果无法上网，他们就会变得焦躁不安，甚至会情绪失控，不仅对学业造成影响，还会损害身心健康，导致各种疾病的产生。所以，网瘾需要及时诊断、治疗。那么，如何戒掉网瘾呢？心理学家给出以下几点建议：

1. 与孩子协商，培养其他的兴趣爱好。对于成瘾的青少年，父母不要严厉地指责和说教，而是应该像朋友那样与孩子进行协商，让他们明确认识到学习是主要的任务。同时，向他们指出网瘾的危害，比如荒废学业、浪费时间、疏远亲情和友情等。再者，家长也要与老师积极配合。

另外，多培养他们的兴趣爱好，以丰富和充实他们的精神生活，用其他爱好来代替上网，比如带着孩子去旅行、打球等。

2. 制订计划。父母可以与孩子在协商后制订两个月的计划，让其逐步减少上网的时间，从而达到偶尔上网或是不上网。比如，从原来每天沉迷网络8个小时，在第一周时减少至6个小时，到第二周则减少至4个小时，以此类推。如果网瘾者能够按照计划来执行就给予奖励，做不到则惩罚，但不可以对他们进行责骂和体罚，而是将其最喜欢的食物或是活动减量，比如不给他们爱吃的巧克力或是不让其看喜欢的电视节目等。这样，在两个月内就会渐渐消除网瘾。

3. 采用厌恶疗法。可以在有网瘾的孩子手腕上戴一个橡皮筋，当他们有上网的欲望时就立刻用手拉放橡皮筋，从而产生疼痛感，以此转移并压制其上网的欲望。在拉放橡皮筋的同时，让孩子提醒自己网瘾的危害。另外，父母要培养孩子的意志力，让其凭借意志力压制上网的欲望。

烟瘾癖好：被尼古丁"绑架"

李燕一家三口本来过得非常幸福美满，李燕的丈夫是一个生意人，自己是一名银行职员，而女儿正在上大学。可是，没过多久，这份和谐美满就被打破了，起因是丈夫喜欢上了抽烟。

由于丈夫是做生意的，避免不了参加各种饭局，而在饭局中少不了他人递过来的烟。慢慢地，丈夫从偶尔抽上一支，到现如今一天就要抽好几支、十几支，不仅在外面抽，在家中也是如此，每天房间中都是烟雾缭绕，满满的烟味。在此期间，李燕虽然反复劝说丈夫要戒掉烟瘾，可丈夫总是嘴上答应，但行为上依然改不了，而且烟瘾变得越来越大，有时候竟然一天抽一两包。

在丈夫抽烟的第五个年头，丈夫在一次体检中被查出肺鳞癌晚期，虽然进出各个医院治疗，但都没有治好。半年之后，丈夫不幸去世了，这让李燕伤心欲绝。在料理完后事之后，李燕总感觉自己浑身无力，而且经常会咳嗽，每次咳嗽都有浓痰，并带血丝。起初，她以为是自己这段时间太过操劳和伤心过度导致的，所以也没有放在心上。

可没过多久，她的身体变得病恹恹的，女儿发现这个情况，立刻带着她去医院检查，经检查得知，她也患上了肺鳞癌。不过，值得庆幸的是，她的情况属于初期，由于发现得早，只要及时治疗，就能控制住癌细胞的扩散。于是，李燕按照医生的嘱咐按时治疗和吃药。

本以为之后就会雨过天晴，可不幸的事再次发生了。女儿在一次体检中也查出了肺部有异常，后来经过反复检查得知是小细胞癌，这种癌细胞在身体中转移得更快，而且恶性程度比较高。随后，女儿也开始接受治疗。

为何李燕与女儿都会患有癌症呢？原来，由于她的丈夫嗜烟如命，烟瘾非常大，每天会抽上一两包烟，导致她和女儿常常被动地吸入二手烟。医学研究人员表示，吸烟、二手烟与肺鳞癌、小细胞癌有着非常密切的关系。据调查发现，这家医院每年会有 700 多例肺癌患者，而鳞癌、小细胞癌的比率占到了 75%，在这些人中，大概有 93% 的人存在长期吸烟、被动吸烟的情况。

有专家指出，吸烟不仅会造成室内的空气污染，还会产生二手烟，也被称为"强迫吸烟""间接吸烟"。被动吸烟者患有肺癌的危险性也在逐渐增加。所以，二手烟是大家最为厌烦的，在公众场合，看到他人毫无顾忌地抽烟往往会引起很多人的反感。

众所周知，吸烟有害健康，可即使如此，还是有不少人嗜烟如命。由于长期吸烟，烟中所含有的尼古丁成瘾，从而造成人体对烟产生依赖性，最终导致人们患有肺癌等多种疾病。所以，烟瘾也被称为尼古丁上瘾症或尼古丁依赖症，还有心理学家形象地称烟瘾是被尼古丁"绑架"。

的确，尼古丁也是一种毒品，就像海洛因。有专家指出，吸烟是死亡的加速器。不仅案例中李燕的丈夫因为嗜烟如命而最终患肺癌去世，我国著名的文学家鲁迅先生也是由于长期抽烟而英年早逝。鲁迅先生的烟瘾是非常大的，每天要抽 30 ~ 40 支。与他接触过的人都表示，他烟不离口。他的夫人许广平曾说："时刻不停，一支完了又一支，不大用得着洋火，那不到半寸的余烟就可以继续引火，所以每天只要看着地下的烟灰、烟尾的多少就可以窥测他一天在家的时候多呢，还是外出了。"

鲁迅先生因为长期抽烟而导致肺部出现各种病症，虽然医生多次劝他戒烟，但都没有成功。最终，他因为肺结核而去世，死亡的主要原因是长期吸烟，而他去世时年仅 56 岁。

到底烟有什么样的吸引力，让很多人冒着生命危险来吸呢？心理学家分析，这主要是由于烟草中含有尼古丁，当吸烟者吸烟后，尼古丁就会进入体内，肺部会吸收90%的尼古丁，而1/4的尼古丁在短短的几秒钟内就会进入大脑，从而让吸烟者释放出多巴胺，产生快乐的感受。所以，很多吸烟者在抽完烟后都会感到疲劳消失、精神振作等。

可是，如果长期吸烟，身体就会对尼古丁产生耐受性，当体内的尼古丁浓度下降到一定的水平后，吸烟者就不再有那种快乐的体验。此时，他们会对烟产生强烈的渴望。如果突然停吸或是减少吸烟的数量，在24小时内就会出现烟瘾的症状：烦躁不安、精神难以集中、头晕、失眠、胃肠功能失调等。

另外，很多吸烟者对烟草在心理上产生一种依赖，认为吸烟能够发挥提神醒脑、解除疲劳等功能，所以会导致他们的烟瘾越来越大，欲罢不能。

据调查发现，导致人们吸烟的主要原因有：社交的需求，比如案例中李燕的丈夫正是因为社交需要而吸烟，最终烟瘾越来越大；工作太累，经常熬夜处理事情，认为吸烟能够放松、提神；朋友、家人等影响，看到他人吸烟后，在好奇心的驱使下，自己也会吸烟，并越来越上瘾。

不过，烟瘾的癖好与毒瘾的成瘾性是不同的，前者完全是可以戒掉的，关键是要从心理上戒除对烟草的依赖，这种心理依赖会导致吸烟者产生一种行为依赖，使得他们感到戒烟比较困难，最终在无形中增加了戒烟的难度。那么，如何来戒除烟瘾的癖好呢？有专家总结出以下几种方法：

1. 正确认识吸烟的利与弊。心理学家表示，很多吸烟者之所以多次戒烟都没有成功，往往是因为他们将戒烟当成天下第一难的事情。其实，只要正确认识吸烟的利与弊，就能逐渐戒除烟瘾。

比如，对于吸烟者来说，他们会认为吸烟能够缓解疲劳、压力等，并且能够安抚焦躁的情绪，获得某种快感。正是因为这些好处，让很多嗜烟者戒不掉烟瘾。所以，应该让他们认识到吸烟的危害，包括对身体造成的巨大影响和损害。

2. 为戒断反应做好周密的准备。停止吸烟会导致身体和心理产生戒断反应，而这种反应会让吸烟者感到痛苦，从而复吸。对此，心理学家指出，在戒烟之前要为戒断反应做好周密的准备。比如，制订计划，按照计划逐步减少吸烟量，例如三周之内打破身体的戒断反应，三个月内度过心理依赖期，最后，彻底与烟草告别。因此，戒烟不能心急，而是规划好时间和计划，逐步消除戒断症状。

3. 远离香烟的诱惑。当戒烟取得成功后，最为关键的就是能否坚决地远离香烟的诱惑。有专家研究发现，很多吸烟者虽然成功戒除烟瘾，但看到他人吸烟后，心里就会发痒，别人递过来烟后，他们会不由自主地接上，从而前功尽弃。所以，远离并拒绝香烟的诱惑，才能成功地克服心理戒断反应。

对此，专家建议，吸烟者想要戒除烟瘾癖好，当他人递来香烟时，要做到婉言拒绝，也不要让他人在自己面前吸烟；将自己的戒烟理由写在小纸条上，比如为了自己、家人的健康、省钱等，并随身携带小纸条，当烟瘾上来时拿出来提醒和告诫自己；多做一些有意义的活动，比如跑步、游泳等，从而少花心思在香烟上。

酒瘾癖好：借酒浇愁愁更愁

王斌是做市场营销的，每天都要和不同的人打交道，所以避免不了各种饭局、酒局。起初，他只是喝少量的酒，一两瓶啤酒或是一两杯白酒就是极限了，而且对酒也没有那么痴迷。可后来，他发现如果在饭局中自己不能喝的话，接下来的话题将很难进行下去，而且有的客户会认为，不喝酒就不给他们面子。所以，王斌的酒量变得越来越大，一场饭局下来，他能喝二三十瓶啤酒或是一瓶白酒。

渐渐地，王斌将喝酒当成了一种习惯，如果一天不喝酒，他就感到浑身不舒服。除了饭局外，王斌一个人吃饭时，酒也成了他的必需品，不喝的话总感觉心里少点什么。不过，万幸的是，王斌在喝醉后不会撒酒疯，每次喝多了，他都是倒头就睡。即使如此，他的妻子还是担心他因为过量饮酒而损害身体，所以经常劝说他少喝一些，可王斌却听不进去，依然喝个不停。

几年过后，妻子发现王斌的脾气变得越来越古怪，稍有不满就会乱发脾气，经常与妻子发生争吵。不仅如此，在最近一次的体检中，王斌被检查出肝衰竭。当医生得知他嗜酒如命后，就要求他尽快戒酒，否则酒精会对身体造成更大的伤害。可王斌却听不进去，依然我行我素。

有一次，王斌又与客户喝酒，喝得酩酊大醉，回到家中他倒头就睡。可在后半夜，王斌突然消化道出血，妻子吓坏了，赶紧拨打了急救电话，将丈夫送到医院。经医生检查发现，王斌长期过量饮酒导致中枢神经系统中毒，所以出现了精神障碍。另外，由于长期过量饮酒，他的性格也发生了改变，王斌经常会出现狂躁不安、偏执等现象。

酒瘾又被称为酒精依赖，这种嗜酒的癖好之所以会发生，是受遗传因素和环境因素共同作用的结果。对于有酒精依赖性的人而言，他们会有不可逆的内脏功能障碍和智力损伤。在日常生活中，我们会发现有的人只要吃饭就少不了酒，有的人甚至到了"饭可以不吃，酒不能不喝"的地步。最后，这些人的酒量虽然越来越大，身体却越来越差，如果哪天不喝酒他们就会感到身体很不舒服，只有喝了酒才会让自己安心。其实，这种表现就是酒精成瘾。

心理学家研究发现，当饮酒者对酒成瘾后，每次喝酒时都难以控制自己的情绪，而且身体也会发生很大的变化，比如肝脏功能受损、喝酒时手易抖动、出现幻视幻听等。如果长年有酒瘾的话，还会导致饮酒者患有脂肪肝，而这种脂肪肝会演变为酒精性肝炎，再恶化为肝硬化。

另外，有酒瘾的人身体还会出现多种疾病，比如食道出血、胃癌等消化系统疾病；还会导致造血功能发生异常，使得免疫力下降，从而加重肺部感染，甚至会出现败血症；如果长期饮酒过量，则会因为醉酒而造成脑损伤，还会导致严重的后遗症；如果是青少年有酒瘾，由于他们的脑部还处于发育阶段，则会影响他们的记忆力，对脑功能也会产生影响。

除此之外，长期过量饮酒还会使得男性生殖腺的功能降低，不仅会导致受精变得困难，而且会导致精子中的染色体异常，从而造成胎儿发育不良或是畸形，抑或是对胎儿的性格造成影响。在婴儿出生后，他们的智力会较正常的低，而且喜欢哭闹，这都是酒精依赖造成的遗传因素影响。因此，对于备孕的男性来说，一定要将酒戒掉。而酒精对于女性的伤害也是相当大的。如果女性在经期过量饮酒，会导致肝损害，由于经期体内缺少分解酶，会使女性醉酒的时间更长。

那么酒瘾是如何形成的呢？专家经过研究发现，主要有以下几方面的原因：

1. 遗传方面的原因。医学研究表明，嗜酒的癖好与编码血清素的遗传基因缺陷有重要的关系。科学家通过动物实验研究发现，长期过量饮酒会导致机体形成一种反应模式，一旦停止饮酒就会使其中断，从而产生失调综合征，只有再次饮酒，这种症状才会消失。另外，研究人员发现，嗜酒者的子女与不嗜酒者的子女相比，酒精中毒发生率要高出 4 ～ 5 倍。

2. 年龄原因。美国科研人员发现，饮酒的时间越早，即年龄越小，那么以后对酒精产生依赖的可能性就越大。

3. 心理原因。心理学家经过研究发现，情绪处于抑郁的状态是酒精依赖发生的重要原因。由于饮酒能够缓解现实困难和心理矛盾而引起的焦虑，所以，很多人都会借酒浇愁。一般来说，嗜酒者的心理特征有：容易生闷气、以自我为中心、缺乏自尊心、有反社会倾向等。

比如，有些人在面对困难、挫折等问题时，就会采用"借酒浇愁"的方式来排遣内心的苦闷。他们总是认为暂时无法解决的难题，只要喝酒就会很快烟消云散。殊不知，借酒浇愁愁更愁。

4. 社会原因。心理学家研究发现，酒精依赖与社会环境也有很大的关系。据调查发现，长期生活在气候阴冷地区的人或是做重体力劳动的人，他们的酒精依赖的患病率最高，饮酒的原因大多是与同事、家人一起喝或是缓解身体上的劳累，抑或是通过饮酒来帮助睡眠等。如果是在工作环境中，自己的职位比较低或是基于工作需求，也会产生酒精依赖。比如案例中的王斌就是因为工作需求而不得不喝酒，久而久之，就对酒精产生了依赖。

那么，如何才能戒除酒瘾呢？对此，有心理学家为我们提出以下几点建议：

1. 找到嗜酒者饮酒的根源。对于很多嗜酒的人来说，他们中有的人是为了应酬而喝，如案例中的王斌；有的人是为了缓解内心的焦虑而喝；有的人则是为了治疗失眠而喝。由于嗜酒的原因不同，所以想要帮助嗜酒者戒除酒瘾就要找到导致他们饮酒的根源，即找到其心理症结，才能更好地解决问题。

2. 改变饮酒习惯和减少饮酒量。很多嗜酒者由于长期饮酒，他们的身体和心理对酒精产生依赖，所以戒酒时身体和心理都感到极度的不适应。因此，要帮助他们改变饮酒习惯和减少饮酒量。

比如与朋友见面时不去酒吧，而是去咖啡馆等；之前的酒友尽量少接触，以避开这种诱惑；减少饮酒量，从原来每天饮大量的酒到现在只喝一小杯，如果能坚持下来，再尝试每周有2～3天的"无酒日"。

3. 多关注饮酒的危害。在戒酒时，嗜酒者可以多关注酒对身心造成的危害等相关知识。比如多看一些关于过量饮酒的文章、视频等，从思想上重视酒精的害处，端正自己的态度才能成功戒酒。如果产生饮酒的欲望，嗜酒者可以冷静回忆一下过量饮酒的危害：身体受到各种疾病的折磨、家人的百般担心等，饮酒的欲望就会逐渐消退。

4. 开展有益身心的休闲娱乐活动。比如运动、旅行等活动来分散注意力，这样不仅能够避免嗜酒者找酒喝，而且还能培养他们新的兴趣爱好。

5. 家人的陪伴和关心。很多嗜酒者虽然戒掉了对酒的癖好，但常常会戒了又喝，从而受到家人的讥讽，嘲笑对方没有毅力。因此，嗜酒者要想成功戒酒，往往离不开家人的陪伴和关心，只有不断地对其给予鼓励和关怀，才能让他们有信心和决心戒除酒瘾。

6. 正确地饮酒。有专家建议，如果想要喝酒不上瘾，就需要正确地饮酒。比如不要空腹喝酒，饮酒前吃一些东西，以免酒精刺激胃黏膜。饮酒时慢慢喝，不要一口灌下，以让身体有时间分解体内的乙醇。如果喝的是白酒，多喝一些白开水，以让酒精尽快地随尿排出体外；如果喝的是啤酒，则要多去卫生间；如果喝的是烈酒，则在里面加入冰块。喝酒时多吃一些绿叶蔬菜，因为这些蔬菜中含有维生素和抗氧化剂，能保护肝脏，或是在喝酒时多吃一些猪肝等动物肝脏，能够提高机体对乙醇的分解能力。

赌瘾癖好：无法摆脱的赌博恶习

李默 40 多岁了，是一家公司的老板，这家公司是他一手创办的。可最近几年，由于市场不景气，公司的经济效益也越来越差。但李默不想就此放弃，他不想让自己苦心经营的公司就这么毁于一旦，所以他四处借钱以维持公司的运营。可公司最后还是以破产告终，这让他变得异常沮丧和颓废，整日待在家中不出门。

而李默的妻子则经营着一家饭店，当丈夫的公司破产后，她一面鼓励着丈夫重新振作起来，一面努力地经营着饭店，以将丈夫所借的债务还清。终于，在妻子的一番努力下，丈夫所欠的债务慢慢还清了。因此，很多人都称赞李默的妻子，说她太能干了，竟然靠着自己一个人帮助丈夫渡过了难关。每当李默听到这样的话，他的自尊心就受到了打击，心理也渐渐失衡。

于是，李默开始喜欢上赌博。起初，他只是与小区附近的人小赌一下，可慢慢地他的赌资和赌瘾变得越来越大，动辄就是几千几万，这让他们刚刚好起来的生活又变得举步维艰。妻子每次劝他不要赌时，他都说"下次一定能双倍赢回来的"，而且他认为只有赌博赢了钱，自己才能让别人看得起，才不会继续依靠妻子。可结果，他总是输的次数多于赢的次数。

为了给自己筹集更多的赌资，李默开始打妻子经营的饭店的主意。有一次，妻子外出进货时，他竟然偷偷地将饭店转让了出去。妻子回来发现苦心经营的饭店已经易主，让她伤心欲绝。而李默却拿着转让的钱全部扔在赌桌上。结果可想而知，他输了个精光。之后，他又开始借钱去赌。

妻子对李默彻底失望了，她提出了离婚。即使如此，李默依然赌性不改，每日借钱流连于赌桌。后来，与妻子离婚的李默为了躲避他人的债务也不敢回家，过年过节都是如此，家中的老母亲天天为他担心不已。

心理学家表示，赌瘾是一种心理疾病，这种赌瘾癖好在严重时还会出现病理性赌博症，是一种无法停止赌博的病态表现。它如同吸毒般，让人难以戒除。经常会有媒体报道，有些赌徒为了戒赌而剁下自己的手指，以表示自己戒赌的决心，结果却是伤口还未愈合，他们又会现身于赌场，可见赌瘾的顽固。

研究表明，大多数有赌瘾的人是心理不成熟或是心理有缺陷，抑或是容易对某些物质或活动上瘾。一般来说，他们会出现严重的财务、家庭等问题。

美国一项研究表明，成年人患上病理性赌博症的比率从 0.4% 至 3.4% 不等，而且男性比女性更易患上此症。

法国有句谚语说得好："赌徒的钱包上没有锁。"的确，对于很多赌徒来说，他们常常抱着"搏一搏，单车变摩托；赌一赌，摩托变吉普"的侥幸心理进入赌场，但往往是十赌九输，常赌必输，最后走出赌场时什么也没有了。

心理学家经过研究发现，人在赌博时大脑中会产生一种叫内啡肽的物质，这种物质会让人产生一种愉悦感，并让人对赌博逐渐产生依赖感，从而让人上瘾。当一个人嗜赌成性越来越严重时，大脑中分泌出的内啡肽就会越来越多，犹如吸毒那样。所以，很多赌徒在输钱后心情会变得特别差，但只要开始赌博，他们就会变得异常兴奋。如果让他们停止赌博或是一段时间不赌，就会表现出焦虑、烦躁不安、身体无力、失眠等症状。

不仅如此，赌博成瘾的人还容易患有精神分裂和心脑血管疾病。他们在赢利和快感的诱惑下无法看清事物的本来面目，内心完全被赌博欲望占据。

在赌场中，他们异常兴奋，但在生活中，他们却相当孤僻，久而久之，很容易患有精神分裂和双重人格。另外，由于他们在赌博时精神高度集中和紧张，而赌博也会带来焦虑、冲突等情绪，导致其血压升高、心律不齐等，长期如此，则会诱发心脑血管心病。

有心理学家表示，赌瘾也属于冲动控制障碍之一，对于病理性赌博者来说，他们对赌博充满了向往和冲动，不仅会让其放弃正常的文娱活动，而且对家人漠不关心，从而导致家庭失和；赌博还容易让人产生贪欲，形成好逸恶劳、投机侥幸等心理。

有的赌瘾者为了寻找赌资还可能会盗窃，从而走上违法犯罪的道路。一般来说，赌瘾者不会发生自杀行为，但如果债台高筑，并且与家人矛盾激化，可能促使他们走上绝路。

赌博为什么会成瘾呢？有心理学家经过研究总结出以下几个方面的原因：

1. 逃避现实。对于一些赌博者来说，当他们刚开始赌博时往往是为了逃避自己过去的挫折或是压力以及家庭、社会问题等，赌博是为了麻醉自己。比如案例中的李默就是通过赌博来逃避现实，从而对赌博越来越上瘾。

2. 逆反心理。心理学家研究发现，大多数的青少年之所以患上赌瘾，最重要的原因之一就是逆反心理，即大人越让他们干的事情，他们就越不干；而大人越不让他们干的事情，他们反而越想干。正是由于这种逆反心理，当大人三令五申不让其赌博时，他们就会去赌，渐渐地，他们就会对赌越来越上瘾。

3. 追求刺激。在日常生活中，有些人总是要追求一定的刺激才能维持心理平衡，而刺激的大小往往与个人的素质和个性有关。对于追求刺激的赌博者来说，赌注和赢利的差额越大，就越富有刺激性和冒险性。

4. 扳本和续赢心理。对于一些赌博者来说，当他们输掉一些赌资或是输光赌本后，就会总想扳本，即将输去的钱财赢回来。可是，他们往往是越输越多，从而深陷其中，不能自拔；有些赌博者赢得兴起，认为钱很好赢，自己会赢得越来越多，越来越得意，于是他们就会纠集人员再进行赌博，慢慢地就赌博成瘾了。

赌博特有的魔力会让很多人失去理性，让其行为失控，甚至会因为赌博而产生各种问题，比如家庭失和、债务缠身等。由于赌瘾是一种心理疾病，所以它并不是无药可救的，关键是要及时治疗。对此，有心理学家总结出以下几种方法：

1. 正确认识赌瘾。由于赌瘾是一种无法控制的病态，所以要让赌瘾者认识到这一点，赌瘾并不是一下子就能强制性戒除的，而是需要长期的努力。心理学家建议，要试着让有赌瘾者慢慢地减少赌注，减少赌博的时间，到最后成为只打"卫生牌"，而不在意输赢。

2. 为赌瘾者列出一份还债计划。想要真正地帮助赌瘾者戒赌，就让他们清楚自己的赌债，并为其列出一份还债计划。接着，让他们意识到输掉的钱财足可以买房、买车。因为很多赌瘾者对金钱的意识非常淡薄，他们在豪赌时根本不会在意几万元，面对赌债和还款时，他们才会有金钱意识。所以，在改变他们的观念后，要告诫对方脚踏实地地努力挣钱，他们才会从思想上认识到赌博的危害，并主动戒赌。

3. 对赌瘾者有耐心，并给予其更多的关心。如果我们总是对赌瘾者抱怨或是恶语相向，就会导致他们产生"破罐子破摔"的心理，从而产生一错到底的想法。因此，心理学家建议，对赌瘾者要有足够的耐心，说话时注意自己的用词，不要对他们冷嘲热讽。尤其是家人，要用温暖和关心来融化赌瘾者的赌博心理的坚冰。当他们开始戒赌，恢复正常的生活和工作时，更要及时地给予他们鼓励。另外，要多鼓励他们参加一些有益身心的活动。比如与他们一起旅行、爬山等。

4. 营造没有赌的环境。当赌瘾者戒赌后，多结交一些良友，远离那些喜欢赌博的人，为自己营造一个尽可能没有赌的环境；正在戒赌时，身上尽量不要带钱，以免自己再拿钱去赌；转移注意力，将时间花在一些有意义的活动中，比如练习书画、做运动等。

股瘾癖好：越陷越深的泥潭

晓光是一名银行职员，工作一向认真负责。最近，他看到有同事在玩彩票，便出于好奇也买了一注，谁知竟然中了一万元，这让他非常开心。于是，他准备用这一万元作为初始资金来炒股。刚刚进入股市，晓光还是比较谨慎的，因为他本身就是学金融的，也知道"股市有风险，投资需谨慎"。所以，他在炒股时提醒自己不要深陷其中，

经同事介绍，他对股票也有些了解，于是他锁定一只股票，很有信心地等待着结果。果然，晓光再次有所收获，小赚了一笔。于是，他开心地请几个关系不错的同事吃饭。在饭桌上，同事得知晓光只是对股票略有了解就赚了不少，都不住地夸赞他道："你真是太厉害了，难道你有炒股的天赋吗？看来你可能是中国的'巴菲特'。"晓光听了他人的恭维和赞扬，心中乐开了花，他认为自己可能真的有炒股的天分。

于是，晓光拿出一部分存款又购买了一只股票，开始了自己的炒股之路。此时，晓光的一些朋友听闻他在炒股票的过程中赚了一些钱，便向其"取经"。因此，他觉得自己好像成了炒股专家，便将自己的心得告诉其他朋友。在大家的称赞中，晓光内心得到了极大的满足。他早已将自己的那份谨慎抛之脑后，开始变得亢奋和热血沸腾。当朋友让他帮助自己买股票时，他拍着胸脯对他们说："放心好了，包在我身上，准保大家能挣大钱。"

当晓光拿着朋友们的 20 万买了股票后，他内心充满了期待，已经想象着自己和朋友们挣了钱出去游玩的场景。可是，事情的发展并非他所预想的，他买的那只股跌了，结果，20 万元赔了大半。这让晓光非常震惊，但他

不敢将这件事告诉朋友，只好将所有的积蓄都拿出来炒股，希望赚了之后再还给朋友。

之后，晓光在工作中变得心不在焉，做事也没有以前那么认真了，总是将大部分时间都花在看电脑和手机上，时刻关注股情，吃饭、上厕所都盯着股票看，也不与家人交流，对家人非常冷漠。当所买的股票稍微涨起来时，他就像中了百万大奖那样兴奋不已；当股票下跌时，他就会不由自主地心慌、冒冷汗，有时候他晚上会做噩梦，梦到自己所买的股票暴跌而吓醒。

结果，晓光所买的股票真的暴跌了，他的积蓄也全部搭了进去。可此时的他并没有就此罢休，他认为自己一定可以翻本，所以他四处借钱炒股。结果，他不仅没有翻本，反而在炒股的泥潭中越陷越深，不仅积蓄没了，而且由于在工作中常常出错，他也被单位解雇了。甚至，他还欠了高额的外债。

此时的晓光懊悔不已，他对生活失去了信心。一天晚上，他偷偷地服用了大量的安眠药，幸好家人及时发现，将他送进了医院，才转危为安。

心理学家指出，股瘾是一种心理障碍，这种癖好产生的根本原因是在炒股的过程中体验到了某种快感。1980年，美国心理学会发现，炒股成瘾是一种冲动控制的失调，它在很多方面与界定酒瘾、毒瘾的标准有些相似。

对于有股瘾的人来说，他们将所有的时间和精力都放在股市中，有时候去个卫生间也要看两眼。当大盘上涨时，他们就会觉得像自己中了500万那样兴奋。如果大盘暴跌，他们的心情也会随之降到谷底，不由自主地出现心慌、冒冷汗，还会产生强烈的负面情绪，常常会因为梦到持有的股票暴跌而吓醒。

如果是股瘾比较严重的人，在他们眼中只有股票，对任何事情都提不起兴致，而且对家人也相当冷漠，更不愿去维护人际关系，也不喜欢与人沟通。如果是上班族，他们会冒着被罚款、辞退的风险，也要在上班期间研究股市；如果是学生，他们则是用自己的生活费来炒股，输了之后就会向家长撒谎以骗取更多的钱；如果是老人，他们就会用自己的积蓄来炒，各种不良情绪会影响他们的身体健康。

很多有股瘾的人都是收入不高、想要通过捷径来赚钱，他们所用的钱都不是闲钱，一旦股市下跌，他们内心就会很难接受，出现各种问题，而他们又不甘心将自己的积蓄赔进去，就会借钱或是卖房等来翻盘。结果，投入的钱越多，输得越多，就越难以自拔，最后在炒股的泥潭中越陷越深。

美国心理学家经过研究，为炒股成瘾的人制定了8条诊断标准，如果符合其中5条或是5条以上，则可诊断为炒股成瘾者：

（1）投入的钱越来越多，以追求那种兴奋感；

（2）当控制炒股时就会表现出烦躁不安或是易怒的情绪；

（3）经常将炒股作为逃避问题或是缓解焦虑、抑郁等不良情绪的方式；

（4）总是为了炒股而想方设法弄到钱，甚至会做一些违法的事情，比如偷盗等；

（5）虽然曾经尝试控制自己炒股或是不再炒股，但最后没有获得成功；

（6）通过各种方式来骗取钱财，以缓解因为炒股而出现的经济拮据问题；

（7）因为炒股而导致人际关系变差，甚至失去工作、学习的机会；

（8）在炒股输了之后，总是迫切地希望能够翻本。

心理学家研究发现，炒股成瘾的原因比较复杂，主要有两方面的原因：

1. 没有节制。很多喜欢炒股的人只要看到股票下跌就会往里面投钱，想要翻本，虽然他们可能会赚，但大多数人输得比较惨，其主要原因就是没有节制，不断地加大投入，最终亏得精光。

2. 一心想要赢利。一般来说，如果是一心想要赢利的人，赢利越大，其股瘾就越大。一旦有了钱就不断地卖出再买入，直到被套牢。

所以，有心理学家建议，心态不好的人最好不要炒股，因为它很容易让人出现烦躁不安、焦虑、抑郁等情绪，不仅容易上瘾，还会诱发各种心理疾病。据调查发现，近几年，股民患有强迫症和抑郁症的数量在不断地增加。有很多人对股票并不是很了解便进入了股市，由于在股市中定位不准，再加上不清楚自己的性格是否适合炒股，最终不仅损失很多钱财，还损害了身心健康。

那么，如何才能消除股瘾呢？对此，有专家给出以下几点建议：

1. 戒掉炒股的心瘾。心理学家表示，炒股本来是一种投资行为，可很多人却将其当成一种投机行为，正是由于这种动机心理，导致很多股民深陷其中。所以，炒股成瘾者想要戒除股瘾，就要戒掉心瘾，即端正自己的思想，不要做一夜暴富的美梦，更不要幻想自己就是巴菲特，不能指望炒股来发家致富，而是要靠自己的辛苦劳动才能获得最可靠、最长久的利益，这样才能有效地戒断股瘾。

2. 合理控制炒股的资金。炒股的理念是用闲置的钱来做投资，如果将买房钱、养老钱等用作炒股，并抱着"不成功便成仁"的心态去炒股，注定是要失败的。因此，心理学家建议，合理控制炒股的资金才是戒掉股瘾最为重要的一步。当发现自己对炒股上瘾时，即忍不住想要追加资金购买股票时，要及时将手中的资金放在家人那里掌管，并让家人监督自己，才能有所克制。没有资金的投入，炒股的瘾就会有所降低。

3. 掌握股市知识，根据自己的财力来炒股。想要将炒股作为自己的一种投资理财的方式，就需要掌握一定的股市知识，并根据自己的财力和风险承担能力去炒股。更要清楚地知道，股市并不是只赚不赔的，要保持平和的心态。另外，炒股时要记住，再好的股市也有疲软的时候，所以，要谨记"股市有风险"，理性和冷静地面对股市涨跌，才不会被利欲所驱使。

4. 远离股市。戒除股瘾最为直接的方法就是不要炒股，即远离股市、尽量减少看大盘的次数、不关注股市行情的相关消息等，将精力和重心转移到生活和工作中。如果在戒除股瘾时会想起股市，不妨自我调整，可以通过培养自己的兴趣爱好来转移注意力，比如与家人或是朋友外出旅行、做运动等。另外，炒股成瘾者的家人要给予他们关心和帮助，以帮助他们远离股市，回到正常的生活和工作中。

Part 7

儿童心理怪癖：孩子的心思让人摸不透

黏人癖：分开如同生死离别

朵朵今年 1 岁了，平时的她非常乖巧懂事，不管是吃饭还是睡觉的时候都很安静，从来不会向妈妈发脾气，也不哭闹。可最近，妈妈却发现朵朵似乎有些"叛逆"，变得越来越不听话，而且还非常黏人。只要妈妈在身边，她总是会不由自主地爬向妈妈，并让妈妈抱着，双手搂着妈妈的脖子，似乎非常担心妈妈将她放下来。虽然有时候妈妈在家时，奶奶也抱着她，但只要妈妈离开朵朵的视线，她就会哭闹不已。

有一天，妈妈将吃完奶的朵朵放在小床上，让她玩玩具，自己则准备去收拾家务。可是，当妈妈刚一离开朵朵的小床，朵朵就"哇哇"大哭起来，一边哭闹着，一边用她的小脚在床上乱蹬着。妈妈见此，只好折回来安抚她。可安抚好之后，妈妈刚一转身，朵朵又哭闹起来，而且哭得更加厉害。几次之后，妈妈只好一手抱着朵朵，一手忙着做其他事情。

还有一次，妈妈准备去上班，刚要出门，朵朵就撕心裂肺地哭了起来，嘴里喊着"妈妈，妈妈"，两只胳膊向着妈妈的方向伸去。即使奶奶将她抱到房间中，百般哄她，朵朵依然哭个不停，眼泪一直往下掉，如同与妈妈生离死别似的。听到女儿这般痛心的哭声，妈妈只好心疼得退了回来，最终向公司请了一天的假。

朵朵这种"黏人癖"被称为分离焦虑或是离别焦虑，是指幼儿由于与亲人分离而引起的焦虑不安或是心情不悦的情绪反应。心理学家指出，这种现象是很正常的，是儿童最为常见的情绪问题，一般出现在孩子 1 岁之前，在

1岁之后3岁之前这段时间往往达到顶峰。对于8个月大的孩子来说，他们会意识到自己和其他人是相互独立的，当问他们爸爸妈妈在哪里时，他们就会用手指出来。可是，这种新的认知能力往往会让孩子感到焦虑。

对于宝宝来说，当他们能够区别熟人与陌生人时，见到陌生人就会产生恐惧和逃避的反应，但是对于熟人，他们则会产生亲密的依赖关系。比如很多孩子在玩耍时会用眼睛搜寻妈妈的身影，看到妈妈后，他们就会很开心；一旦妈妈不在他们的视线范围内，他们就会变得有些茫然，当搜寻不到妈妈的身影时就会通过哭闹、喊叫等来表达他们的焦虑情绪。

而对于即将上幼儿园的孩子来说，他们一旦与妈妈分开也会出现哭闹不止的情况，不愿入园。到了幼儿园后，即使不哭闹了，也不会主动地与其他小朋友交往，甚至还会出现腹痛、恶心等症状。

为什么孩子会如此"黏"妈妈呢？对此，有心理学家总结出以下几点原因：

1. 家庭原因。经过研究发现，如果家长平时对孩子不娇惯，比较注重培养他们的独立能力，并鼓励孩子多探索新的环境和多结识新朋友，那么，孩子的情绪问题就比较少。特别是孩子上幼儿园时有明显的体现，即能否快速适应幼儿园的环境。可是，如果孩子受到父母的溺爱，他们就会有很长的适应期，甚至有些孩子会因为环境的变化而导致情绪和生理出问题，比如过分地哭闹、做噩梦、腹泻等。

2. 性格和经验。心理学家经过研究发现，性格外向且比较活泼的孩子往往要比那些性格内向且胆小的孩子更容易适应幼儿园的生活；之前与父母有分离经验的孩子也比较容易适应幼儿园的生活。

3. 环境原因。心理学家表示，很多幼儿从家庭生活进入幼儿园后，由于环境发生了很大的变化，内心很难适应，这种现象被称为"心理断乳期"。

比如，孩子与成人的关系发生了改变，刚刚进入幼儿园，老师和同学都是陌生人，会让他们产生不安全感，另外，很多幼儿在家中都有大人的关心和陪伴，而在幼儿园却需要他们独自玩耍，老师则要看管多个孩子，所以让他们感到茫然失措。又如生活习惯的改变，在幼儿园中都有固定的吃饭、玩耍、睡觉时间，而在家中，孩子往往是比较随意的。另外，幼儿园的饮食习惯也与家庭不一样，有的孩子在家中习惯挑食、偏食等，在幼儿园中就会不愿意吃某些食物。再如要求的改变，老师会要求孩子们独立做一些事情，例如自己吃饭、穿衣等，这让有些孩子感到压力，内心就会觉得不适。

虽然对于孩子来说，分离焦虑是一种正常的心理现象，但如果情绪波动太大的话，则会对他们的成长产生不好的影响，也影响大人的心情，所以，父母们要学会缓解孩子的分离焦虑。那么，如何来做呢？对此，有心理学家提出以下几种方法：

1. 父母主动克服自己的"焦虑"。如果想要帮助孩子摆脱焦虑，父母首先就要学会主动地克服自己内心的"焦虑"。很多父母一说到孩子的"黏人癖"就叫苦不迭，听到孩子的哭声就会心烦意乱。其实，父母应该试着调节一下自己的心态，孩子依恋父母是因为害怕分离，这也是成长过程中必须经历的事情，这标志着他们心理和情感发展是正常的。

因此，心理学家建议父母要帮助孩子建立安全感，即在孩子幼小时给予孩子更多的爱，让其感到安全，比如营造和谐的家庭氛围、让孩子探索新的环境、鼓励他们结交新的朋友等。

2. 做好分离缓冲。在与孩子分开时，父母可对他们说出离开的时间、理由，让他们心中有数，孩子也就不觉得分离的时间很长。同时，在与孩子分离时，父母要告诉孩子，其他看护人比如爷爷奶奶、幼儿园老师等也是很爱他们的，一样会好好照顾他们。此时，其他看护者要与父母配合好，就会让孩子相信父母所说的话，从而缓冲他们的情绪波动和心理震荡。

另外，当父母与孩子分离时，千万不要表现出依依不舍的表情和神态，也不要一直回头看孩子。否则，孩子就会觉察到这一点，了解父母的需求，从而让他们受到"鼓励"，情绪波动就会变大。

　　比如，案例中朵朵的妈妈从心理专家那里了解孩子的情况后，她每次出门都会与朵朵商量"妈妈现在要去上班了，去挣钱了，如果宝宝不让妈妈去的话，妈妈就没有钱给朵朵买好玩的玩具了，也没办法买奶粉了""奶奶一会儿就带着朵朵去楼下找其他小朋友一起玩耍，你喜欢的小姐姐也在那里玩着呢"……妈妈与朵朵说完这些话后，奶奶就会适时地抱起朵朵，将朵朵带到楼下找其他小朋友玩，同时还会告诉朵朵"妈妈很爱宝宝，下班后就会立刻回家与朵朵一起玩的"。渐渐地，朵朵与妈妈分开时不再哭闹得那么厉害了。

　　3. 父母和老师相互配合以帮助孩子稳定入园的情绪。由于很多孩子刚刚进入幼儿园时会感到很陌生，而老师和幼儿园的环境对他们的心理产生很大的影响，特别是老师最为关键。因此，在孩子刚刚入园时，父母需要有意识地多带孩子到幼儿园中，让他们熟悉幼儿园环境和老师。同时，父母可以鼓励孩子与其他小孩一起玩，并让老师多抱抱他们，以熟悉老师的声音。父母与老师相互配合，才能逐步稳定孩子的情绪，让他们慢慢适应新的生活和环境。

　　4. 幼儿园可以多举办一些内容丰富的游戏活动。因为很多孩子天生就爱玩，正如一名教育学家所说的那样："小孩子是生来好动的，是以游戏为生命的。"游戏能够缓解孩子内心的紧张状态，也会给他们带来很大的快乐。所以，当孩子入园时，学校和老师可以多开展一些新颖有趣的游戏活动，以消除孩子与老师之间的陌生感和恐惧感，同时也能缓解他们的分离焦虑。

自闭症：走不进的内心

晓杰是一个 3 岁的孩子，由于爸爸妈妈工作比较忙，平时他都是由奶奶照顾的，也是由奶奶接送上幼儿园。可是，晓杰自从会说话后，沟通交流非常少，虽然他到了两岁多才会说话，也只是会说简单的词句。但家里人并没有在意，认为可能是孩子发育比较迟缓或是性格比较内向的原因。

最近，幼儿园老师反映晓杰在学校中总是喜欢一个人在角落发呆，也不主动与其他孩子一起玩耍，当老师询问晓杰问题时，他也不理睬老师。奶奶听了，不以为意地说："他在家也是这样的，谁也不搭理，总是一个人在房间中默默地玩一些奇怪的东西。只是需要某些东西的时候才会说一两句，可能我家的孙子性格太内向了，家里人都说他像个女孩子，可能是太害羞了。"

可是，一个学期过后，老师发现晓杰并不是害羞，当其他小朋友笑话他是个哑巴时，他并没有显得不高兴，而是面无表情地坐在角落中默默地做自己的事情；当他在课堂上表现得不错，老师夸奖他时，他也没有半点的喜悦之情；即使在很多小朋友都感兴趣的游戏活动课上，他也从来不发言，也没有表现出任何兴趣，总是喜欢盯着教室的某些东西看半天，有时候则会一直玩着手中的小瓶盖。于是，老师将这种情况再次反映给晓杰的父母。

此时，晓杰的父母也注意到儿子有问题：当他想要某样东西，向父母表达时总是显得很着急，但又说不清楚；常常手里拿着一件东西，但拿了之后再次放回去，反复多次那样做。可是，忙于工作的两个人却无暇带着孩子去看医生，同时，他们对孩子的这种行为也感到有些丢人和难堪，便让晓杰先在家中待一段时间。

可是，随着晓杰渐渐长大，他常常会通过哭闹、踢打他人等行为来发泄自己的不满。有一次，他竟然因为不开心而将奶奶推倒在地，所幸奶奶摔得不重。这才让父母重视起来，急忙带着晓杰去看医生。经检查得知，晓杰是患上了自闭症。

所谓的自闭症也被称为孤独症，这种心理障碍会影响个人的社交能力和人际关系，轻者会对社会功能有不同程度的损害，严重者则会导致生活难以自理。比如不能独立外出，常常会有攻击、自伤等行为。对于患有自闭症的孩子而言，他们大多无法正常在幼儿园中生活，而是需要特殊的教育。不过，有心理学家指出，现如今随着社会的发展，应尽可能地开展融合教育。

据调查发现，在幼儿群体中，自闭症的发病率已经超过了儿童癌症、糖尿病、艾滋病的总和，它的危害并不比这3种疾病低。每110个孩子中就有1个患有自闭症，每70个男孩中就有1个自闭症患者。另外，自闭症往往给家庭和社会造成很大的压力。

对于很多家长来说，他们对自闭症的认识存在很大的误区，有的人认为自闭症是无法治愈的，还有人认为，自闭症患者并不需要治疗。其实，这些想法都是错误的。自闭症患者需要适当的教育和锻炼，才能缓解他们的症状，使其正常地与人交流。所以，自闭症患者是非常有必要接受治疗的。除了这些错误的认知，还有哪些自闭症的认识误区呢？

1. 自闭症患者是没有任何情感的。 由于很多自闭症患者不会表达自己的情绪，经常面无表情，给人一种冷冰冰的感觉，很多人都认为他们没有任何情感。其实，他们也有自己的兴趣爱好，只是在理解和表达方面有所欠缺而已。

2. 患有自闭症的人可能有特殊的才能。 很多人可能都看过《雨人》这部电影，电影中查理的哥哥虽然自闭，却有超强的记忆力，并有"过目不忘"的本领，能够准确地说出飞行史上曾经发生重大灾难的航班班次、时间、地点、原因，还能记住电话本上任意一个读过的电话号码，他的心算甚至比计算机还要快。

因此，很多人就认为，自闭症患者都具有特殊的能力和超强的天赋。不过，心理学家指出，虽然有的自闭症患者真的具有像电影中所呈现的那种天赋，但具有这种超常天赋的自闭症患者只占 10% 左右。

3. 自闭症患者都是弱智。心理学家指出，虽然很多自闭症患者的智力发育比较迟缓，但并不是说他们是弱智。很多患者在学习能力方面是非常强的，甚至在某些方面会超过正常的孩子。对于自闭症患者来说，他们不知道如何与他人沟通交流，不懂得如何表达自己的情绪。比如案例中的晓杰学习能力是非常强的，所以经常受到幼儿园老师的表扬。

为了提高大家对自闭症的认知，联合国大会在 2007 年 12 月通过了决议，从 2008 年起，将每年的 4 月 2 日定为"世界自闭症关注日"，以让更多的人关注自闭症的研究和诊断以及自闭症患者。

心理学家经过研究发现，自闭症患儿虽然有各种各样的表现，但他们都存在 3 种主要的症状：语言障碍、交流障碍和重复刻板行为。一般来说，在孩子一岁半左右，家长会逐渐发现他们与其他孩子有所不同。

1. 语言障碍。心理学家研究发现，语言障碍是大多数自闭症患者就诊的主要原因。这种障碍有多种表现形式：患儿通常在两三岁时还不会说话或是正常语言发育后出现语言倒退的情况，虽然有的患儿语言能力比较强，但缺乏交流的功能，比如会重复刻板的话语或是自言自语等，不能正确使用"你""我""他"等人称代词。

2. 社会交流障碍。很多自闭症患者总是喜欢独自玩耍，而不愿意与其他孩子一起玩耍，也不喜欢参加群体性的游戏；对父母的大多数指令不理会，但是会开心地执行一些他们自己感兴趣的指令，比如吃零食、丢垃圾等；比较害怕陌生人；需要某些东西时，会拉着父母的手到某个地方，但并不会用手去指所需的物品；通常不会主动地寻求父母的关爱等。

3. 重复刻板行为。患有自闭症的孩子对大多数儿童喜欢的活动和东西都没有兴致，但他们对某些特别的事物表现出异常的兴趣，并会出现重复刻板的行为或动作，比如玩弄开关、来回奔走、喜欢车轮、风扇等圆形物体。

除此之外，自闭症患儿还有其他表现：有些患者在某些方面往往表现出超凡的能力，比如音乐、记忆力等，特别是机械地记忆数字、时间、路线等；有些患儿则喜欢用特殊的方式来注视某件东西；不喜欢被他人拥抱；多动，而且注意力比较分散，从而被误认为是多动症；喜欢发脾气、做出攻击他人等行为。

那么，发现孩子患有自闭症时，家长应该怎么做呢？对此，专家提醒，一定要及时带着孩子到专业医院进行诊治，以免耽误孩子的病情。而治疗自闭症的方法有很多，关键是找对方法，有专家提出以下几点建议：

1. 游戏疗法。心理学家表示，这种方法是一种心理治疗方式，也是常用的方法，可以让自闭症患儿通过游戏取代语言，运用肢体动作来表达自己的内心，与他人进行沟通。

目前，使用最多的就是沙盘游戏，这种游戏能够培养他们的社交能力。具体的做法是：鼓励自闭症患儿在大的沙盘和沙堆中玩耍，并让几个孩子一起玩，让每个玩耍的孩子都与大家打招呼，然后依次玩耍。虽然效果不太好，但有一定的作用，可以促进患儿与其他孩子更好地沟通。

2. 封闭式训练。即对自闭症儿童进行系统化的教育，比如在投影仪上显示一些动物的图片，一边让他们看这些图片，一边告诉他们是什么东西，还可以播放动画片给他们看，让他们听动画片的声音。视觉刺激训练对治疗自闭症儿童有很重要的作用。

3. 药物治疗。虽然目前没有药物能彻底治疗自闭症，有些药物却能够改善患者的一些情绪和症状，比如情绪不稳定、多动、冲动行为等，从而能够让他们顺利地接受教育训练和心理治疗。

恐学症：对学校心生恐惧

峰峰是一个 8 岁的孩子，由于爸妈都是做生意的，从来没有上过大学，他们便对峰峰期望非常高，希望他能考上一所名牌大学。在峰峰五六岁的时候，妈妈就给他报了各种兴趣班、特长班，以让他提前学习更多的知识，挖掘其天赋。所以，在峰峰六七岁时就能背下很多唐诗宋词。当家人有亲戚朋友来时，爸爸妈妈就会让峰峰在众人面前表演背诵古诗，引来众人的掌声和赞扬。可最近，峰峰的表现却让爸爸妈妈很不解。

当妈妈早早起来送他去上学时，他却在洗漱的时候故意磨磨蹭蹭，刷牙、洗脸竟然用了半个多小时。吃饭时也是慢吞吞的，当妈妈催促他时，他总是找出各种理由，不是饭太烫了，就是吃不下去。终于收拾完走出门外，他又对妈妈说："我好像忘记带笔袋了。"说完，匆匆跑回房间中找，过一会儿又称忘记带昨晚做的作业。可后来妈妈却发现，他那些"忘记"带的东西都在书包中放得好好的。快到学校附近时，他总是绕道而行。即使周末路过学校时，他也有些心慌和不安。

不仅如此，辅导班和学校的老师都反映峰峰最近有注意力不集中、记忆力下降等情况，背诵一首古诗常常要用时很久；学习也没有以前那么积极了，平时在班里总是积极发言，如今却变得沉默寡言。另外，他还会无缘无故发脾气，经常会因为一点小事而与其他小朋友发生争吵。

峰峰是患上了"恐学症"。所谓的恐学症又被称为学校恐惧症，是一种比较严重的儿童心理障碍。这种心理障碍多发生于 7 ~ 12 岁的小学生身上。

由于他们的内心存在各种不良的心理因素，导致他们害怕去上学、害怕学习，对此心存恐惧。心理学家表示，这种恐学心理并不是真正的恐惧，它是通过心理焦虑和躯体症状的结合而表现出来的对上学的一种非理性紧张和恐惧。而当上学的压力不存在时，孩子所表现出的症状就会消失，大多数患有恐学症的儿童或少年都有一些神经症的特征。

一般来说，恐学症患儿具有明显的特点：对上学心存恐惧，甚至公开表示不愿去上学；会有明显的焦虑表现，如面色苍白、内心不安、冒冷汗、呼吸急促，甚至还会出现腹痛、呕吐等，情绪低落、无缘无故发脾气、注意力不集中、记忆力下降等；在患病期间，如果父母强迫他们去上学，他们的焦虑情绪就会加重，如果父母同意他们暂时不去上学，其症状就会立刻得到缓解，甚至全部消失。

其实，不仅是刚刚上学的小学生，对于毕业班的学生来说，他们也会对上学心存恐惧，特别是初三或是高三的毕业班学生，由于面临中考、高考的压力，他们一想到上学就会感到紧张、害怕。有毕业班的学生曾表示，一到假期，老师就会布置大量的习题，让他们没有时间去玩耍，快要开学时，他们内心就会不由自主地感到紧张、恐慌。

有心理学家表示，虽然恐学症患者的年龄不同，但他们都有一个共同点，就是对即将到来的学习生活缺乏必要的心理准备，从而产生焦虑、恐惧的情绪。这主要是因为假期生活比较悠闲和上学后的紧张学习形成鲜明的反差，就会使孩子对上学产生心理阴影。

恐学症是如何产生的呢？心理学家总结出 3 个方面的原因。

1. 性格原因。患有恐学症的孩子的性格大多比较胆小、敏感、多疑、爱面子等。

2. 家庭原因。有些恐学症患儿的家长对他们的期望太高，从而导致孩子心理失衡，比如案例中的峰峰父母就是对他有过高的期望。

3. 社会原因。在现如今社会上，经常有片面地强调儿童早期教育的宣传，所以很多"兴趣班""特长班"应运而生，有的文章甚至疯狂鼓吹"人的成功取决于早期教育"。但教育专家表示，对孩子进行拔苗助长的教育只会加重他们的心理负担，甚至会给他们带来心理伤害。

恐学症不仅是心理障碍，也是一种情绪障碍，所以需要对患儿进行心理方面的调整和治疗。那么，如何避免孩子患有恐学症呢？如何进行调整和治疗呢？有专家提出以下几点建议：

1. **进行适度的教育。**教育专家指出，虽然早期教育是不可忽视的，但同时也要注意不同年龄段的孩子的特点和差异，从尊重孩子的个性出发进行适度的教育，而不要盲目地搞那种神童式的教育。

另外，如果孩子拥有某些天赋，父母可以诱发他们的这些天赋。比如，如果孩子喜欢说和写，可以鼓励他们多听、多阅读、多写作等；如果孩子的抽象思维能力比较强，则让他们多玩一些逻辑性的游戏，给他们讲讲推理故事等；如果孩子对音乐有天赋，则让其上一些感兴趣的音乐课，参加某些音乐活动等。

2. **找出孩子"恐学"的原因。**当家长发现孩子不愿意上学时，不要一味地责怪、批评他们，更不要迫使他们去上学，以免加重其心理负担，而是冷静地与他们谈心，找出真正的原因。

比如，如果孩子是对学习感到有压力，那么，家长不要给孩子太大的学习压力，对他们也不要有过高的要求，而是给予他们自由发展的空间，从培养他们的兴趣开始。同时，对他们进行一些支持性的心理辅导，对其进行疏导、鼓励，并做出耐心的解释和指导，以让他们渐渐走出心理阴影。

3. **家长与学校积极配合，为恐学症患儿制订计划。**如果孩子不肯上学的焦虑症状比较明显，家长对此不要过于心急，要与学校的老师取得联系，互相配合，为他们制订计划，以缓解孩子对学习的恐惧心理。

比如在开始时，家长可以让孩子在学校待一个小时，如果这一步取得成功，接着可以将时间延长为两个小时，然后再延长至半天。让孩子心理上逐渐过渡，直到孩子慢慢愿意待在学校。当孩子取得进步时，家长和老师要及时地给予表扬和鼓励。在治疗的过程中，父母和老师也要有耐心，给予他们适度的关心和支持。

癔症：歇斯底里的疯狂发作

薇薇是一个 10 岁的孩子，由于爸爸妈妈常年在外打工，所以她从小跟着爷爷奶奶一起生活，爷爷奶奶对她也是百般宠爱，总是由着她的性子来。久而久之，薇薇变得相当任性，只要稍微不满意，她就会又哭又闹。

有一次，薇薇在学校中看到有同学穿着一双漂亮的新鞋子，于是，她回到家中哀求奶奶给她买。当时奶奶正在忙着做家务，就安慰她说："等奶奶忙完再带你去买吧。"可薇薇不听，立刻坐在地上哭闹起来，只见她憋着气，面色苍白，两只脚不停地乱蹬着。奶奶见此非常担心，立刻放下手中的活儿，对薇薇说："我的小祖宗，你快点起来，奶奶现在就带你去买。"薇薇听后，过一会儿就像没事似的站了起来。

还有一次，薇薇考试没有考好，爷爷看到她的试卷大都是因为粗心大意而做错的。于是，爷爷拿着试卷批评了她两句："薇薇，这些题目不该错的，你怎么都做错了？你还是太不认真了，以后在考试做题时一定要细心。"当时，还有几个邻居在旁边，他们也附和说："粗心大意的毛病一定要改掉。"

薇薇听闻，立刻不高兴地从爷爷的手中抢回自己的试卷，然后将它撕得粉碎，还用力地踢倒旁边的凳子。紧接着，她就开始哭闹起来。爷爷劝说半天，她丝毫听不进去，一直在一旁哭闹不已，旁边的邻居见此直摇头。过一会儿，爷爷就发现她四肢抽动、两眼发直，于是急忙将其送到医院中。

到了医院后，医生给她注射了生理盐水，并告诉薇薇这是一种很强大的特效药。薇薇听闻，立刻停止了抽动，过一会儿就与医护人员有说有笑起来。这让爷爷看后非常不解：孙女这是怎么了？

薇薇患上的是儿童癔症，又被称为歇斯底里，是个人因为生活事件、内心冲突或是自我暗示等情绪因素而诱发的精神障碍现象。一般来说，这种精神障碍有两种表现形式：分离性障碍和转换性障碍。

分离性障碍常会表现出这样的症状：情绪失控，在幼儿时期，常常有哭闹不止、憋气、面色苍白或是青紫、大小便失禁等表现；年龄比较大的孩子则表现出烦躁、哭闹、破坏周围的东西、撕衣服、四肢抽动等。一般来说，他们发作的时间长短与周围人的注意程度有关，发作后部分内容会有所遗忘。

转换性障碍则表现出这样的症状：步态有些异常、说不出话来或是声音嘶哑、瘫痪不能走路或是手不能活动等。这种症状很少在儿童身上出现，如果有类似的发作大多是受到周围人癔症发作的暗示影响。

一般来说，癔症的表现有一些共同的特征：症状没有器质性病变基础，无法用神经解剖学来解释；症状变化非常迅速，而且具有反复性，不符合器质性疾病的规律；患者以自我为中心，通常会在别人注意的地方、时间发作，症状具有夸大和表演性；患者很容易受到自我或是周围环境的暗示而发作，也可能会因为暗示而加重或是好转。

据调查发现，普通人群中患病率在 3% ~ 10% 之间，这种癔症多发生于学龄时期的孩子，尤其是发生于女孩身上。而农村患病率往往高于城市，经济文化发展比较落后的地区发病率较高。

这类精神障碍是如何产生的呢？有专家总结出以下几点原因：

1. 遗传原因。医学研究表明，如果家族中有人患有癔症，那么孩子遗传的概率就比较大。

2. 躯体原因。如果个体的躯体有疾病、易疲劳、体弱等情况，也会诱发癔症。

3. 性格原因。医学研究发现，大多数癔症患者喜欢以自我为中心，喜欢展示自己，希望自己成为众人注意的焦点；情感比较丰富、富于幻想，情绪反应激烈时常常分不清理想和现实等。很多儿童期癔症患者发作往往是因为情绪因素所诱发的，比如委屈、紧张、气愤、恐惧、突发事件等都会导致癔症发作。

4. 家庭原因。心理学家表示，如果家长的教养方式不恰当，也很容易诱发儿童癔症。比如案例中的薇薇就是从小备受爷爷奶奶的宠爱，导致她性格上比较任性。

那么，这种精神障碍如何治疗呢？有心理学家表示，应该根据患儿的性格、心理特点、病因等进行治疗，具体方法有以下几种：

1. 心理治疗。首先，心理医生要获得患儿的充分信任以及家长、老师的积极配合；然后，将家长与患儿分开询问病史，并详细了解真正的病因；在与患儿谈话时要尽量地消除他们的紧张情绪，鼓励他们说出内心的痛苦和矛盾，并告诉患儿这类精神障碍是可以治愈的，不要为此紧张和恐慌，同时也要告诉家长不要说一些负性的话语或是做一些行为暗示，从而渐渐消除导致癔症发作的负性精神因素。

2. 暗示疗法。心理学家表示，患儿确诊后，可以使用暗示疗法进行治疗，这是治疗癔症最为有效的方法之一。主要做法是给患儿以语言暗示，即告诉他们这是最好的药物，具有特效的功能，使用之后就不会再出现这种症状了。

3. 药物治疗。对于患有癔症的儿童来说，其表现有明显的精神症状或是痉挛发作等，医生可以给他们服用相应药物进行治疗。不过，儿童不能长期服用药物，以免加强暗示作用而导致病情加重。

遗尿症：总在床单上画"地图"

9岁的乐乐已经上小学了，可让家人不解的是，乐乐早已过了尿床的年龄，如今每天早上起来仍然会看到他在床单上画的"地图"。这让妈妈很无奈，看着乐乐所画的"地图"，她都会斥责道："你都多大了啊，怎么还尿床呢？怎么没有一点羞耻心呢？"听到妈妈的训斥，乐乐垂着头，一句话也不说。

其实，乐乐在很小的时候就有尿床的毛病。当时，他一直是奶奶照顾的。而奶奶面对这种情况，认为小孩子都会有尿床的现象，等他们长大了自然就不会尿床了。因此，家人也没有将这件事放在心上。可是，当乐乐到了上学的年龄依然天天尿床，这让心急的妈妈对他失去了耐心，每次看到床单上的"地图"就对乐乐大声责备。有时候，家里有其他亲戚朋友在，妈妈也毫不避讳地指责他。

为了不再让乐乐在床单上画"地图"，妈妈开始让9岁的乐乐穿起了尿不湿。虽然乐乐对此极不情愿，但又害怕妈妈的指责，所以迫不得已穿着。慢慢地，活泼好动的乐乐变得有些沉默寡言，不管是在家中还是在学校中都不喜欢与人沟通，常常默默地坐在一个角落中看书。特别是在学校中，他为了不让同学们知道自己那么大了还穿着尿不湿，所以在上厕所时经常是偷偷一个人跑去，仿佛去做见不得人的事情。

长此以往，乐乐的成绩变得越来越差，而且性格也变得越来越自卑，遗尿的情况越发严重。妈妈发现这个情况才引起重视，觉得儿子可能有问题，所以急忙带着他去医院检查。医生检查后告知乐乐妈妈，乐乐患上了遗尿症，需要及时治疗。

所谓的遗尿症是指 3 岁以上的儿童在没有神经系统或是泌尿生殖系统器质性疾病的情况下，会在夜间睡眠时出现无意识地排尿。一般来说，婴儿无法控制排尿，这是一种正常的现象。而遗尿分为夜间遗尿和白天遗尿，以夜间遗尿居多。

一项调查表明，夜间遗尿的患病率是非常高的，大约有 16% 的 5 岁儿童和 10% 的 7 岁儿童患有遗尿症。另外，大概有 3% 的患儿的症状会一直持续到成年。心理学家指出，由于患儿持续存在夜间遗尿，会严重影响他们的自尊心和自信心，也对其一生产生很大的影响。

那么，遗尿症是如何产生呢？有专家经过研究总结出以下几点原因：

1. 遗传原因。 医学研究发现，遗尿症家族发病率比较高。如果父母一方患有遗尿症，那么，出生的婴儿则有 50% 的机会患上此病；如果父母双方都曾患过遗尿症，那么，孩子的患病概率高达 75%。

2. 家庭原因。 由于家长对孩子排尿习惯训练不恰当，没有让他们养成正常排尿的习惯或是儿童的生活不规律、功课负担过重等，都可能造成夜间不能适时排尿而出现遗尿的现象。

比如，案例中的乐乐从小是由奶奶带大的，老年人总认为孩子睡眠比尿床更重要，所以没有对乐乐的排尿习惯进行训练。而当乐乐出现尿床的现象时，家人却不以为意，认为孩子大了自然不会再尿床了，从而导致乐乐每到夜间就会尿床。

3. 睡眠原因。 患有遗尿症的儿童在夜间睡眠时往往比较深，而且不易将其唤醒，即使在唤醒他们后，他们仍然处于意识迷糊不清，半睡半醒的状态，不能感受膀胱的尿意，自觉地进行反射性排尿，所以就会在夜间发生遗尿的现象。

4. 心理原因。 由于很多家长不明白遗尿症的病理，当发现孩子尿床后就会进行严厉的指责、打骂，从而造成孩子心理紧张，并变得越来越自卑。

比如，妈妈在发现乐乐多次尿床后，不仅严厉指责他，还当着其他人的面批评他，导致他内心越来越紧张、害怕、自卑，从而导致其遗尿症越来越严重。

当孩子患上遗尿症后，家长应该怎么办呢？专家指出，治疗遗尿症是一个系统的过程，需要医生与患儿及其家长进行全面的配合，通过心理治疗、药物治疗等方法，才能产生治疗效果。具体的方法主要有以下几种：

1. 建立良好的习惯。专家建议，要给孩子安排好白天的活动，建立合理的生活制度，以免他们出现精神紧张或疲劳；建立良好的饮食习惯，晚饭以干食、清淡为主，在睡觉前 3 ~ 5 小时饮用少量的水，不要吃西瓜、梨等水果和牛奶，以减少膀胱的储尿量；建立良好的睡眠习惯，在孩子入睡前，家长不要过分逗孩子或是让其做剧烈的运动，抑或是看一些紧张刺激的影视剧，以免他们处于过分兴奋的状态；养成睡觉前排尿的习惯，让孩子每天在睡觉前都要上厕所，让膀胱中的尿液排空。

2. 家长的理解和包容。对于家长来说，当发现孩子有遗尿的现象后不要指责、打骂他们，这样只会让孩子变得更加焦虑、紧张、害怕、自卑等，不仅会加重孩子的心理负担，还会导致症状加重。因此，家长应该多给他们安慰和理解，并给予更多的关心，以缓解他们的紧张、恐惧等情绪。

3. 药物治疗。这需要在医生的指导下进行。

吹牛癖: 喜欢编造和虚构

天天是一个活泼可爱的小男孩,现如今已经上幼儿园大班了。他非常喜欢与小朋友一起玩耍,由于他的词汇量比较丰富,当他与小伙伴一起玩耍时,经常会听到他一个人在那说个不停,而其他小朋友则在一旁静静地听着。有一次,妈妈带他回老家看望爷爷奶奶,到了中午,妈妈却发现他正在向其他小朋友吹嘘着什么。

只见天天绘声绘色地讲道:"我们家里有两辆轿车,我爸爸开着一辆宝马,而我妈妈开着一辆奥迪。每天上下学,他们开着不同的车来接送我。我们幼儿园的小朋友都非常羡慕我,所以在周末,我有时候也会让爸爸妈妈载着其他小朋友出去玩。"其他小孩子听了,一边露出羡慕的眼神,一边赞叹道:"真是太棒了,我们都是爸妈骑自行车接送的。你经常坐谁的车啊?"

天天继续眉飞色舞地讲述道:"一般都是坐爸爸的宝马商务车,他的车既宽敞又舒服,而且坐着也非常威风。"小朋友听了,继续追问道:"你这次回来坐谁的车呢?也让我们看一看啊。"天天立刻回答道:"这次回来没有坐轿车,因为乡下的路不好走,所以车子都停在我家的车库里了。"

妈妈听到天天的"大话",不由得感到很惊讶,因为家中根本就没有汽车,更没有什么车库。这让妈妈不由自主地担心,天天什么时候变得那么爱撒谎了。

其实在这之前,妈妈就发现天天喜欢吹牛。有一次,天天与幼儿园的小朋友玩耍时就向其他人炫耀:上周末,爸爸妈妈带他去海洋馆了,他看到了海豚、海豹、鲨鱼等,自己还与海豚在岸边玩耍,海豚还向自己发出邀请,让自己下次再去看它。可上周末他们根本就没有带天天去海洋馆。

对此，妈妈有些担心和疑惑：天天是怎么了？为什么现在变得那么爱吹牛呢？要不要当面揭穿他或是对他严厉地批评呢？

有教育专家表示，对于很多学龄前和学龄初期的孩子来说，他们的想象力都是相当丰富的，很擅长改编之前自己耳闻目睹的一些事情，这其实是一件很正常的事。虚构往往能够让孩子建立自我，特别是在孩子七八岁时，他们已经掌握了很多词汇以及现实和想象的区别，所以，他们很喜欢一些神奇的故事，比如巫师、圣诞老人等。

同时，专家也提醒家长，当发现孩子出现这种"吹牛"怪癖时，没有必要惊慌，更不要一味地斥责他们。对于很多孩子而言，他们都有争强好胜的心理，特别是男孩子，他们更喜欢表现自己。所以当与其他孩子在一起时，就会凭借想象编造出一些惊险离奇的故事。有教育专家曾说过："家长千万不要小看孩子们充满好奇的探索活动，或是傻气十足的胡思乱想，因为这正是创造能力的萌芽阶段。"

那么，孩子为什么会有吹牛癖的行为呢？有专家总结出以下几点原因：

1. 彰显自己的"强大"。如果孩子经常听到他人的赞美和表扬的声音，长此以往，他们就会认为自己是非常优秀的。为了彰显自己的"强大"，他们往往会通过吹嘘和炫耀来让自己占上风，以获得心理上的平衡。有的孩子则是由于有较强的自尊心和好胜心，喜欢夸大其词，以压倒对方来维护自尊。

另外，当三四岁的孩子想要引起他人的注意时，就会说出自己的一些"壮举"，并且会夸张地进行讲述。

2. 富于幻想和想象。由于孩子的年龄比较小，而且生活经验少，所以思维有些天马行空，经常会将现实、想象和愿望混在一起，从而会向他人吹牛。比如案例中的天天就是一直想去海洋馆，但是爸爸妈妈没有时间带他去，所以他总是想象着自己去海洋馆与海豚玩耍的情景，就向其他小朋友说起了"大话",声称自己曾与爸爸妈妈一起去过。

3. 记忆的"失误"。 有些孩子年龄比较小,所以他们的专注力非常有限,在听大人讲话时往往只关注自己所感兴趣的事情,而忽略了其他内容。如果要求孩子在听一遍之后就能将父母的话完全准确地记下来,是比较困难的。正是因为这种记忆的"失误",孩子在回忆父母所说的话时会按照自己希望中的样子来弥补那些记忆不确切的内容,说出来的话自然掺杂着吹牛的成分。不过,随着年龄的增长,这种情况会有所改变。

4. 嫉妒心。 有些孩子经常受到他人的表扬,长此以往,他们就会认为自己是最优秀的。当发现其他小朋友受到赞美时,就会心生嫉妒,为了将对方比下去,他们就会说"大话",以彰显自己的优秀,而对其他小伙伴进行贬低。

那么,当家长发现孩子吹牛应该怎么办呢?对此,有专家提出以下几点建议:

1. 学会倾听和引导。 当父母发现孩子喜欢说一些"大话"时,应该学会倾听,让孩子们感受到尊重,从而愿意向父母说出编造故事的最初想法和过程。在明白其中的原委后,父母可以引导他们懂得,不是所有的事情都可以编造的,比如,如果要讲述自己的英雄行为,则要靠平时的历练等道理。让他们明白争强好胜并不能夸大,实事求是才会受到大家的欢迎。

2. 要让孩子学会换位思考。 当孩子喜欢处处占上风,在炫耀自己的同时,贬低其他小朋友时,父母应该提醒他们:如果其他小伙伴这样对待你,你心里会不会有些不舒服呢?这样将心比心地换位思考会让他们意识到,如果为了炫耀自己而一味地贬低小伙伴,只会遭到其他人的嫌弃,自己也就没有了朋友。这样一来,孩子就不会乱说"大话"了,也懂得尊重他人,为他人着想。

3. 对孩子多一些鼓励。 如果父母发现孩子说"大话"时,要引导他们认识到哪些内容是真实的、哪些是想象和期望的。如果孩子期望做某件事,父母应该多给一些鼓励。比如当孩子向其他小朋友吹嘘自己会游泳，比鱼儿游得还快时，父母不妨告诉孩子要好好学习游泳，并坚持将这件事做好。

4. 多带孩子见见世面。当孩子喜欢吹嘘一些没有去过的地方时，父母有时间的话不妨带着孩子去见见世面，让其"开开眼"。有了这个基础，即使他们的思维天马行空，但所说的话也不会脱离实际。

5. 与孩子讲话要多说几遍。当孩子的年龄小，专注力比较差时，父母与他们对话不妨放慢语速，以让孩子听明白。对他们讲话时，可以多说几遍，以让他们记住更多的内容。

6. 不要刻意夸奖孩子。专家建议，对于父母来说，不要刻意地夸奖孩子的行为和表现，而是要恰如其分地表扬他们。当孩子因为某件事而做出努力，并取得不错的效果时，父母不妨就事论事进行表扬，则不是表扬他们的性格。

比如，当孩子将玩过的玩具收拾整理好时，父母不要对孩子说"你真是太棒了，真是个好孩子"这种话，因为这样孩子不明白父母是在表扬他将玩具整理好，还是夸奖他不再玩玩具。可是，如果父母对孩子说"你能将玩过的玩具整理好，真是做得不错，妈妈很开心"，孩子就会意识到自己的这种行为是正确的，以后还要坚持那样做，长此以往，就会养成良好的生活习惯。

重复癖：不厌其烦地做某事

　　晴晴是一个 3 岁的小女孩，平日里最喜欢让妈妈给她讲故事。特别是在睡觉前，只有听完妈妈讲的故事，她才会安心地入睡。可是，让妈妈感到奇怪的是，给晴晴买的这本故事书已经讲了好几遍了，每个故事也都讲了七八遍了，但她还是要求妈妈重复讲给她听，而且每次都听得津津有味。

　　有一次，妈妈特意为她买了一本新的故事书，可晴晴连看都不看，想听故事时依然拿起那本听了很多遍的故事书。于是，妈妈不解地问晴晴："这本书的故事你都已经听了好多遍了，妈妈都能背下来，你为什么总是听不够呢？"晴晴只是简单地回答道："我就是喜欢啊。"妈妈听了很无奈，只好拿起那本故事书继续给女儿讲。

　　其实，不仅是听故事，晴晴看动画片也是如此，喜欢反复地看。最近，晴晴非常喜欢看小猪佩奇的动画片，可是每次她打开电视看这部动画片时，总是不厌其烦地只看那一集。很多情节她似乎都已经记住了，但依然重复地看。妈妈见此，问她道："这一集你都看了多少遍了，有什么好看的呢？你怎么都看不够呢？"可晴晴却像没有听见似的，依然美滋滋地在那里认真地看着，时不时还会被其中的情节逗得直笑，一副很满足的样子。

　　这让妈妈不免感到担心和忧虑：女儿怎么会有这种"怪癖"呢？她是不是身体出现什么毛病了呢？要不要将她的这种行为强行地纠正过来呢？

　　其实，孩子的这种"重复癖"并不是什么奇怪的事情，这是孩子的一种正常表现。有心理学家表示，孩子喜欢重复做某件事，是他们学习的最好方式，因为反复去听、去看一些内容，能够帮助他们记住那些信息，而且记忆的时间也会越来越长。所有的孩子喜欢反复做某件事的原因都是一样的，他们在做完后会感到非常开心。比如，当有的孩子学会了拼图，他们就会为了享受自己的新技能而一遍又一遍地做。重复去做不仅能够提醒他们做事的方法，还能让其享受完成任务的乐趣。

著名的教育家蒙台梭利也表示，反复做某件事情往往能够提高孩子的智商。所以她建议父母和老师应该对孩子多做一些从感觉到概念、从具体到抽象的指导。她在《童年的秘密》这本书中就曾讲到自己所发现的一个现象：一个大概 3 岁的小女孩在摆弄积木时，总喜欢将一些圆柱形状的积木放在不同的容器中，然后再将其取出来。这些圆柱形状的积木大小都不一样，但恰好能够放在那些容器的瓶口中，如同软木塞将瓶子盖住一样。最终，这个孩子做了 42 遍才心满意足地停了下来。

当孩子有了这种体验后，他们就像是刚刚充完电，显得非常有活力，而且从中感受到很大的快乐。比如，孩子总是喜欢反复听同一个故事或是看同一集动画片，可对于成年人来说，看一遍就足够了，但孩子们却是百看不厌。这是因为孩子在重复听或是看的过程中，获得了快乐和成就。

因此，有心理学家指出，喜欢重复做某件事是年幼孩子共同的心理特点，这对他们的发展是相当重要的。因为处于这个年龄段的孩子，他们虽然有再认知的功能，甚至能够发现和补充故事中一些遗漏的地方，但他们自己却不能完整地讲述这些故事，所以，他们很喜欢"大人讲，他们来想"的方式。

由于年幼孩子的认知能力是有限的，因此，他们只有在不断重复的过程才能发现更多新的信息。而大人总是认为"没有意思"的那些重复对他们来说并不是简单的重复，而是每次重复都有新的感受和体会。所以，我们看到孩子在那里不厌其烦地重复看着动画片或是听故事时，表情总是那么满足和幸福。

有专家分析，年幼的孩子之所以会重复去做某件事，主要有两个方面的原因：

1. 心理发展的特点。因为年幼的孩子认知能力、记忆力发展等还不够完善，所以不能像成年人那样在较短的时间内接受大量的信息。当他们在看不同的动画片或是图画书时，就会出现记不住的现象，而不断地重复则能避免这种现象的发生，在重复的过程中也会让孩子增强记忆，并从中体验到成就感和乐趣。不过，随着孩子的心理发展水平的提高，这种现象就会慢慢消失。

2. 个性的体现。在对待事物的态度上，往往能够很好地体现出不同的个性特点。由于孩子的个性正处于形成和发展的阶段，而喜欢重复做某件事则是一部分孩子喜欢自己所熟悉的事物和喜欢重复个性的一种体现。

因此，心理学家建议，面对有"重复癖"的孩子，家长不妨利用他们的这种重复性来培养其良好的生活习惯。因为很多孩子如果知道接下来会发生哪些事情，他们就会变得很有控制感，从而觉得更加舒服。比如，有的父母在每天晚上都会按照同样的顺序重复一些事情：吃饭、刷牙、洗澡、讲故事、睡觉等。那么，孩子就会轻松地按照这个顺序去做，甚至有时候会主动要求那样做。此时，不妨问孩子："我们接下来该做什么了？"有的孩子就会很快地回答出来。

当孩子学会做某件事后，他们很愿意重复去做，因为他们能够预见之后的事态发展。当孩子将同一个故事听了很多次后，他们就会记住大多数段落的情节和结尾是什么。久而久之，他们就会更积极地参与其中，从中体验乐趣和满足感。

另外，家长也可以利用孩子的"重复"，用一些新鲜的事物来吸引他们，并适当地满足他们这种"重复"的需要，才能更好地促进孩子的心理健康发展。

Part 8

心理怪癖：自己是不是患有"神经病"

抑郁症：是谁将快乐偷走了

夏彤是一名高三女生，她的成绩一向不错，而且还是班里的学习委员。可最近，她在一次测验中由于发挥失误而考得有些不理想。这让她感到很失落，并陷入了自责中。因为夏彤是一个非常要强的女生，只要成绩稍微有些下滑，她就会觉得自己对不起辛苦的父母。父母对她期望很高，希望她能考上一所名牌大学。

而夏彤的家境非常贫苦，父母都是大字不识的农民，他们都期望女儿能够完成他们上大学的夙愿。另外，她深知父母供她上学很不容易，每次看到父母起早贪黑地忙碌时，她就暗暗对自己说："一定要好好学习，一定不能辜负父母的期望。"所以，在她的内心，自己要为父母而活，要用自己的优异成绩来回报他们。

正是因为她背负如此大的压力，导致她的成绩不但上升不了，反而出现了下滑的现象。在高考前的几次模拟考试中，她一次比一次考得差。因此，她变得非常焦虑不安，并不断责备自己"太没用了，怎么对得起父母"。临近高考前一个月，夏彤常常吃不下饭，难以入睡，而且早上很早就醒来了，总觉自己胸口堵得慌，呼吸似乎都变得有些困难。

不仅如此，原来喜欢运动的她对任何活动也提不起兴致，更不愿与同学交流。当同学询问她某些事情时，她总是爱答不理。因此，她的人际关系变得越来越差，常常独自一人两眼无神地回宿舍、吃饭。

在这种极度的焦虑中，夏彤在高考中自然发挥失常。当高考成绩出来后，她感到相当无助和绝望，认为自己再也没有脸面对辛苦的父母。当她漫无目的地经过一条河时，望着静静的河水，似乎看到了自己的归宿。于是，她纵身跳进了河中。幸运的是，正好有人路过河边，便立刻报了警和打了急救电话。由于抢救及时，夏彤被救了回来。后来，医生经过检查发现，她患上了重度抑郁症。

抑郁症又被称为抑郁障碍，是一种常见的心理障碍。最重要的特征是出现持久的情绪低落、对任何事物都提不起兴致、悲观、自责、饮食睡眠质量比较差、总感到浑身不舒服，严重者还会出现自杀的念头和行为。抑郁症患者每次发作会持续两周以上，甚至会持续数年。大多数患者都有反复发作的倾向。在医学界，抑郁症被称为“第一心理杀手”，而患有抑郁症的人内心是相当痛苦的，被称为“世界上最消极悲伤的人”。

一般来说，抑郁症会有以下几种表现：

1. 情绪低落。抑郁患者往往从轻度的情绪低落转变为悲伤、无助、绝望等。他们对任何事物都提不起兴趣，心中的愉快感消失殆尽，每日郁郁寡欢，内心受到痛苦的煎熬，有时候还会出现焦虑不安的情绪。由于情绪低落，患者对自我评价很低，产生无用感、自责感、内疚感等，认为自己一无是处，过分贬低和否定自己的能力，从而看不到未来，甚至没有生存的希望。

2. 意志活动受到抑制。抑郁症患者会行动缓慢，不想做任何事情，更不愿与其他人交往，总是独自一人。严重时甚至连吃喝都不需要，也不说话，而且个人卫生也不管不顾，变得蓬头垢面。

3. 认知功能受到损害。主要表现在记忆力下降、注意力无法集中、脑子变得迟钝、思考能力降低、反应和行为迟缓等。

4. 躯体疾病加重。食欲下降、胸闷、出汗、睡眠出现障碍等。睡眠障碍的主要表现是容易早醒，醒后就无法再入睡；有时很难入睡，睡眠非常浅。

5. 有消极的自杀想法和行为。对于严重的抑郁患者来说，他们常常萌生绝望的念头，认为"自己是一个多余的人""结束生命才是一种解脱"，这种念头会使得他们发展成自杀行为。

说到心理疾病，可能很多人都会想到"神经病""变态"等词语，而且大多数人都会觉得自己的心理非常健康，与那些心理疾病是永远不相交的。其实，情况并非如此，心理疾病就潜伏在我们附近，每 5 个人中可能就有 1 个人患有心理疾病。

现如今，随着社会节奏的变快以及高强度的竞争压力，导致很多人都患有抑郁等心理障碍。据调查发现，在患有抑郁症的人中，有 15% 的患者会选择自杀，而 70% 的人曾有自杀的念头。不仅仅是普通人，很多明星都因为抑郁症而英年早逝。比如，张国荣、乔任梁等都因为抑郁而结束了自己年轻的生命，让喜欢他们的人感到震惊和惋惜。

抑郁症是如何形成的呢？有心理学家研究发现，抑郁症并不是单一的因素导致的，它是多种因素共同作用下形成的。对此，有专家总结出以下几个原因：

1. **遗传原因**。医学研究发现，抑郁症的亲属同病率高于普通人群，血缘关系越近，发病一致率就越高；如果一个人的父母、子女以及兄弟姐妹中有人患有重度抑郁症，他要比没有患抑郁症亲属的人群有更高的概率罹患抑郁症。

2. **内分泌原因**。如果身体内的激素、神经递质等不平衡，即生化分子过量或是过分分泌也会诱发抑郁症。之所以会出现这种情况是基因异常导致的，也有可能是药物、紊乱的作息、长期的压力引发的。

3. **躯体疾病和滥用某些物质的原因**。心理学家表示，有些躯体疾病有可能导致抑郁症的发生，特别是慢性中枢神经系统疾病或其他慢性病，比如心血管疾病、恶性肿瘤等。另外，如果长期滥用和依赖海洛因、吗啡、酒精、安眠药等物质，也会引发抑郁症。据调查发现，有 50% 的长期饮酒者患有抑郁倾向。

4. 心理和社会原因。心理学家经过研究发现，有些抑郁症患者在患病前就有抑郁气质，当突然遇到重大的生活事件，比如失恋、亲人去世等，强烈的负面情绪长期郁积在心中，就会导致抑郁症的发生。另外，童年的不良经历会构成发生抑郁障碍的重要危险因素，而成年期的某些经历也会对抑郁障碍或是抑郁症发作产生重要影响。

5. 认知偏见。对于抑郁症患者来说，最重要的表现就是有异常的消极想法，情绪长期处于低落的状态，这是因为大脑功能异常引起的。在人的大脑中，不同的区域并非孤立存在的，它们是由神经元将彼此联系在一起的，并发挥着不同的功能，从而构成复杂的大脑联系网络。一旦网络中的某些节点的联系遭到了破坏，大脑就会出现异常，从而产生认知偏见和情绪异常。这种认知偏见是抑郁症患者长期情绪低落的主要原因。

所以，抑郁症的形成有很多危险因素，在一般情况下，它们是共同发挥作用的。那么，如何治疗抑郁症呢？如何找回生活的快乐呢？对此，有专家提出以下几点建议：

1. 药物治疗。心理学家表示，药物治疗是治疗抑郁症最为快捷的方法，抑郁患者切忌盲目用药，而是在医生确诊后，遵从医生的嘱咐服药。

2. 认知疗法。由于抑郁症患者最重要的表现是在认知上存在偏差，不管是对自我、他人和周围的环境都是负性的认知，都是以消极的态度看待。而认知疗法的目的是让患者认识到自己的错误推理模式，让其主动、自觉地进行纠正。如果与药物结合使用，效果可能会更好。

3. 电痉挛疗法。心理学家经过研究发现，电痉挛治疗是一种非常有效的治疗方法，能够让患者的病情得到缓解。这种方法又被称为电休克治疗，是用一定量的电流通过患者的大脑，导致他们的意识丧失和痉挛发作，从而达到治疗目的。不过，这种方法不适合老人、小孩，如果患者有心血管疾病或是脑器质性疾病也不能使用。

4. 运动疗法。不同的运动项目能够帮助人们减缓压力，放松心情，减轻抑郁情绪。运动疗法比较简单易行，而且能够缓解抑郁情绪，是一种比较有效、安全的治疗方法。不过，在进行新的运动项目前，必须与负责诊治的医生商议。

5. 做好预防和保健。 研究人员对抑郁患者经过长期研究发现，有75% ～ 80% 的患者会出现多次复发的情况，所以，需要对他们进行预防性的治疗。如果发作 3 次以上，则应该长期接受治疗，并终身都要服用药物，定期到门诊观察。做好保健工作，比如保持良好的心情，乐观地看待自己的病情等；养成良好的作息习惯，保持充足的睡眠，不要过度劳累等；多食用清淡的食物、多吃新鲜的蔬菜和水果等。

焦虑症：时刻活在忧虑之中

刘凯是一名"高四"的学生，即复读生，虽然他极不情愿去复读，但在父母的百般劝说下，他只好上起了"高四"。自从复读以来，刘凯就感到异常焦虑，因为他总是担心自己复读一年再考不上大学的话，不仅让父母失望，自己也难以接受这个结果，毕竟复读就已经让他背负了巨大的压力。

于是，在复读这段时间里，刘凯比以往更加努力，每天早上他都是宿舍中第一个起来的，晚上则是最晚一个睡的人。有时候大家都去吃饭了，他依然在教室中默默地看书。可是，即便他如此用功，在近几次考试中也考得并不是很理想，这让他感到非常焦虑。他总是消极地想：如果以这样的成绩参加高考的话，自己必然会再次失利。每每想到这里，他的内心就会感到莫名的紧张。

更让他苦恼的是，在上课时，他一旦遇到听不懂的问题就会相当着急和烦躁不安。随后，他就开始胡思乱想，想着高考失利后的情景。这导致他错过很多课堂内容，从而让他变得更加焦虑和烦躁不安。久而久之，很多学习内容他都无法掌握，而且不会做的题目也越来越多。因此，他经常会在上课时感到心慌不已，而且还会不由自主地冒出冷汗。

不仅如此，他总是将自己的休息时间压缩得很短，导致他长期睡眠不足，而且整个人的精神状态看起来也非常糟糕。老师和同学发现他的这个变化后都劝说他休息一阵，可刘凯却做不到，只要在宿舍里待上一会儿，他就会不由自主地感到心慌、紧张。

后来，在一次测验中，大家都在认真考试时刘凯突然在座位上晕厥了过去。老师立刻打急救电话将其送到了医院。医生经过细致的检查后发现，刘凯患上了焦虑症。

焦虑症是以焦虑为主要特征的神经症，它是一种心理障碍，其主要表现是没有事实根据，也没有明确的客观对象和具体内容而感到紧张不安、恐惧，并且还会出现肌肉紧张、植物神经症状等。在日常生活中，焦虑症是比较常见的。据调查发现，一般人的发病率为4%，占精神科门诊的6%～27%。另外，这种心理障碍常常暴发于人的青年期，男女之比为2：3。

一般来说，在临床上，心理学家常常将焦虑症分为急性焦虑和慢性焦虑。急性焦虑会表现为惊恐发作，而且大多在夜间睡梦中发生，常常会有濒死感、胸口憋闷、呼吸困难等。由于内心惊恐而过度呼吸，从而造成呼吸性碱中毒（即二氧化碳呼出过多，导致血液偏碱性），诱发四肢麻木、面色苍白等，进一步加重患者的恐惧不安。所以，当患者就诊时往往情绪比较激动、紧张。一般来说，这种症状发作持续几分钟或是几个小时，之后症状就会有所缓解或是消失。

急性焦虑是在慢性焦虑的基础上产生的，不过，大多数患者的主要表现是慢性焦虑症状。一般来说，慢性焦虑的典型症状有：疲惫、心慌、气急、胸痛、神经质。另外，还会出现冒冷汗、紧张、昏厥等症状。

那么，焦虑症是如何引起的呢？心理学家经过研究总结出以下几个方面的原因：

1. 遗传原因。医学研究发现，现如今大多数心理疾病都与遗传有很大的关系，可能是由于身体内的某些基因片段发生了丢失或是增加等因素导致的。心理学家表示，如果是由于遗传原因而导致的焦虑症，并没有具体发作条件，只有通过心理解压来预防。

2. 心理和性格原因。由于每个人的心理和性格不同，所以当面对同一件事情时处理的方式也有所不同。有的人在遇到困难和挫折时会轻易被打败，从而处于消极的情绪状态中，长此以往就会患上焦虑症；但有的人战胜了困难和挫折，并获得了成长。因此，心理学家表示，焦虑症是否会出现往往与个人的心理和性格有一定的关系。

比如，案例中的刘凯在面对复读时内心饱受压力，总是认为如果这次复读再考不上就无颜面对父母，这让他内心感到非常紧张、心慌、恐惧，长此以往，他患上了焦虑症。可同样复读的小王却认为这次是一个好机会，既可以让自己巩固之前没有学透的知识，也让自己更了解如何应对高考。所以他的心态非常放松，高考自然考出了不错的成绩。

3. 社会环境。有些焦虑症患者在日常生活中会经历一些自己难以接受的事情，比如亲人突然离世、公司破产等。这些事件重创了个人的身心，从而有可能导致他们患焦虑症。

由于焦虑症的症状并不像其他心理疾病那样明显，所以很多人患有焦虑症，不但自己不清楚，周围的亲人和朋友也不了解，从而导致他们错过了最佳的治疗时间，等到发现的时候已经到了难以治愈的程度。面对焦虑症，需要患者和身边的人及时觉察，需要患者和亲人以及医生的共同努力，才能更好地治疗这种心理障碍。

那么，如何治疗焦虑症呢？如何预防呢？对此，有专家提出以下几种方法：

1. 心理治疗。由于焦虑症是一种心理障碍，所以要靠心理医生的帮助，对患者的心理进行疏导，以让其更好地接受治疗。心理医师会通过言语或非言语渠道进行沟通，以与患者建立良好的关系，让患者充分信任自己，然后运用心理学和医学方面的知识来引导和帮助患者改变行为习惯、认知方式等。

2. 药物治疗。医生会根据患者的病情、身体状况等综合考虑，来为患者制订药物治疗的方案。而患者在服药期间，要与主治医生保持联系，一旦出现副作用或是其他问题可以及时解决，切不可自行调整药物治疗方案。

3. 做好预防护理的工作。在日常生活中，我们要注意自己的身体健康状况，做到劳逸结合，不要让身体处于过度疲惫的状态，该休息时好好休息，懂得张弛有度。在休息的时候，可以与朋友外出旅行、聚餐等，这样能够让我们的情绪处于轻松的状态，同时，也能摆脱焦虑的枷锁，让我们更好地应对生活中的各种事情，以减少消极情绪出现的诱因。

躁郁症：这真的是一种"天才病"吗

马强从小就喜欢画画，并希望自己长大后成为一个画家。可是，在上学期间，他的文化课并不是很好，所以他常常在课堂上通过画画来消磨时间。的确，马强在画画方面比他人更有天赋，所画的东西看起来栩栩如生，所以在他上中学时还曾获得绘画比赛第一名的好成绩。

不过，虽然他对画画很感兴趣，但由于文化课不好，导致他在班里的成绩总是名落孙山，所以高中也没有考上，而是念了一所技校。由于技校的课程比较简单，而且管理也很松散，马强变得更不爱学习，只是偶尔画一幅画。后来，他的学业没有读完，就辍学出去打工了。

可在打工的这段时间里，马强感觉自己发生了一些变化：内心时常感到焦躁不安或是空虚；总感觉自己的体力大不如以前，感到非常疲惫，没有精神；有时候就连最感兴趣的画画也失去了兴趣；有时候会感觉自己喘不过气来，不想说一句话；情绪波动会非常大，甚至会做出一些冲动的事情。

有一次，在工作结束后，马强与几个朋友在路边摊喝着酒，吃着烧烤。本来大家都很开心，可正吃着，马强突然感到内心非常愤怒，无法将其发泄出来。于是，他想都没想，直接拿起路边的一块砖头砸向了一辆车的挡风玻璃，这让他的朋友吓了一跳。后来，在朋友的极力劝说下，他赔给车主一些钱，对方才算了事。

这种冲动的情绪也让马强感到很痛苦，他感觉自己身体中就像困着一个魔鬼，时刻在折磨着他以及家人。不仅如此，他常常失眠，难以入睡，而且没有食欲，体重不断下降。这导致他无法再正常工作，只好回到家中。家人一方面担心马强的身体，另一方面也担心他再做出一些伤害他人的事情，因此，总会有人在家陪着他。特别是爸爸，马强的爸爸本来性格比较外向，自从发现马强的变化后，就变得比较沉默。这让马强看在眼里，急在心里，觉得自己对不起家人，内心感到非常愧疚，总认为自己不能再活在世上拖累家人。

　　不幸的事情终于发生了。有一次，爸爸下楼去取快递，而马强在卫生间看到了刀片，他毫不犹豫地拿起刀片向手腕上划去，鲜血喷涌而出。爸爸上来后发现这一幕，立刻打了急救电话。随即，马强被送到医院，经过及时抢救才保住了性命。后来，医生对马强进行详细的检查后发现，他患上了躁郁症。

　　躁郁症是一种以显著而持久的情绪高涨或是低落为特征的精神障碍性疾病，同时，这种精神障碍在发作时还会出现相应的认知和行为改变。在间歇期，患者的精神状态比较正常，但往往会有复发的倾向。躁郁症也被称为双相情感障碍。双相指的是两种状态：躁狂或是轻躁狂、抑郁或是轻度抑郁，每种状态持续的时间都会随着发病年龄、病情程度、家庭环境等不同而有很大的差异。

　　虽然躁郁症的发病率仅有1%，但研究发现，很多从事艺术领域工作的人都患有此种精神障碍，比如凡·高、贝多芬等，所以这种精神障碍又称为"天才病"。前几年，香港著名歌手陈奕迅在开完最后一场演唱会后曾表示自己患有躁郁症，所以在演唱会结束后，他便与家人去英国度假养病。这也让更多的人开始关注这种"天才病"。难道躁郁症真的是有才华的人才会得吗？真的是天妒英才吗？对此，有心理学家表示，并不是这样，患有躁郁症的人非常多，但由于名人的影响力比较大，知晓率也更高，所以让人很容易误以为有才华的人易患躁郁症。

据调查发现，有 25% ~ 50% 患有躁郁症的人可能在患病后的某个时间段产生自杀的念头，其中 15% ~ 19% 的患者自杀成功。在 2014 年，美国喜剧演员威廉姆斯因为患有严重的躁郁症而自杀。在台上，他看起来幽默而疯狂，思维反应非常灵敏，而在台下，他就变成了一个沉默寡言的男人。

另外，躁郁症还会给社会带来严重的经济损失。在德国，有 70% 的患者在患病后处于待业的状态，而有 72% 的患者需要申请领取残疾救济；在英国，躁郁症总的医疗费用每年高达 4.59 亿英镑。

临床诊断发现，患有躁郁症会出现以下几种症状：

（1）情绪持续处于低落的状态：焦躁不安、忧愁等，内心缺少愉悦感；

（2）对任何事物都丧失兴趣，即使是以前感兴趣的活动也提不起兴致，如果勉强参加了某种活动，也不能投入其中；

（3）精力不足，出现下降的现象，总感觉自己的体力大不如从前，感到非常疲惫，没有精神；

（4）注意力很难集中，做决定和思考的能力也出现下降的情况；

（5）自我评价比价低，总是产生无助感、绝望感、无价值感；

（6）时常产生自杀的念头或是行为；

（7）睡眠产生障碍，常常失眠；

（8）食欲增强或是下降，导致体重也随之增加或是下降；

（9）由于情绪易怒，脾气暴躁，导致人际关系变得紧张。

心理学专家表示，在第一项之外，再加上其他四项或是四项以上的症状出现并持续两周以上，影响患者的社会功能，并且排除吸毒、躯体疾病等引起的情绪变化，就可以诊断为抑郁发作；如果患者先后或是同时出现躁狂或是轻躁狂和抑郁发作，则可以诊断为躁郁症。

那么，躁郁症是如何形成呢？有专家总结主要有以下几个原因：

1. 遗传原因。医学研究发现，如果与患者血缘关系越近，那么，患有躁郁症的概率就越高，而一级亲属患病的概率要远远高于其他亲属，这与其他遗传疾病的规律相符合。

2. 突发事件。在日常生活中，由于某些重大事件突然发生或是内心长期存在不愉快的情感体验，比如失去亲人、夫妻离异、突然退休等，导致失落的情绪不能及时排遣，从而促使躁郁症的发生。

3. 生活和工作的重压。有些人由于生活和工作的重压会出现沮丧、无助、压抑等多种负面情绪，这也是导致躁郁症发生的常见原因。

躁郁症对人会产生巨大的影响，躁动的情绪会让人发狂，做出冲动行为，而且还会让患者的注意力、记忆力、思维反应能力等下降，产生自杀的念头和行为；如果症状加重，自杀的念头也会变得更加强烈。所以，为了恢复正常的生活，患躁郁症后一定要及时治疗。那么，如何治疗躁郁症呢？怎么才能防范躁郁症呢？有专家提出以下几种方法：

1. 药物治疗。对于绝大多数的躁郁症患者来说，都需要住院治疗，并服用药物，严重者则需要强制住院治疗。

2. 家庭治疗。对于躁郁症患者来说，最重要的就是家人的关心和帮助。在他们服用药物后，家人要帮助其保持稳定的情绪和规律的生活习惯，才能有效地避免病情加重。

比如，为患者保持安静的环境，特别是患者处于狂躁期时，不要与他们进行有敌意的对话，不要长时间看电视，以免刺激他们，加重病情；让他们有充足的睡眠和有规律的生活，以防止躁郁症发作；给予他们关爱，这对患者康复来说是非常重要的，特别是有自杀倾向的病人；注意患者在季节变化时的躁郁症症状，特别是在夏季，往往是躁狂的高发期，家人要尤其注意。

3. 自我调整情绪。心理学家建议，躁郁症患者每天花一些时间整理自己的情绪，并对心理活动进行自我识别。比如，每天在入睡前问一下自己"我今天过得开心吗？"如果连续一星期的回答都是否定的，则要引起重视，及时找出不开心的原因，调整自己的情绪，可以向亲朋好友倾诉或是向心理医生咨询。如果不良的情绪影响到生活和工作，自己无法调整，则需要及时去医院就诊，千万不要讳疾忌医。

妄想症：对荒唐的观点坚信不疑

　　程伟与妻子是在一次聚会上认识的，妻子不仅漂亮，而且很能干，由于工作关系，她经常与客户有来往。两个人结婚后，感情一向不错，每天依然忙着各自的工作。可最近，程伟却突然怀疑妻子对自己不忠，并疑心妻子与其他男人有见不得人的关系。

　　于是，程伟非常在意妻子的一举一动。当妻子在家中接电话时，虽然他表面上是在客厅中看电视，心思却放在妻子的电话上，仔细听着妻子与他人的对话。每当看到妻子笑意盈盈地打着电话时，程伟的内心更加确定妻子有外遇，与她通电话的人肯定是她的情人。

　　每当妻子离开家去上班时，程伟就会全力地搜查妻子"出轨"的证据：检查她的衣服上是否有其他男人的气息，包中是否有他人留下的可疑物品。如果他出差不在家，回家第一件事就是检查家中的衣柜中是否有其他男人的衣服，如果自己的衣服位置发生改变，他就会怀疑妻子趁自己不在家时将其他男人带回家。

　　有一次，程伟竟然不去上班，偷偷跟踪妻子。他发现妻子与几位男性在饭店中吃饭，并且边吃边开心地聊着，在这个过程中，妻子不时地与其他几个男性有肢体的接触。这让程伟怒不可遏，他冲进饭店，当场对妻子大吼道："我对你这么好，你为什么要做出背叛我的事情呢？"妻子和其他几个人很惊讶，不明所以地看着程伟，不知道发生了什么事情。

　　后来，程伟才知道那几个人是妻子的老客户，正在给妻子介绍新的客户。可程伟虽然了解了内情，但依然对自己的结论深信不疑，他认为妻子肯定背着自己做了一些见不得人的事情，与其他男人有不可告人的关系。

之后，他常常跟踪妻子的行踪，并因为妻子与别的男性走得有些近而发生争执，指责妻子与其他男人关系太过暧昧。其实，他所说的那些暧昧行为就是生活中的普通交谈。有一次，程伟竟然因为男同事送妻子回家而对妻子大打出手，认为她与那位男同事有染。最终，妻子因为无法忍受丈夫的跟踪和毒打而离婚。

案例中的程伟总是坚信伴侣对自己不忠，有外遇，所以经常跟踪对方，甚至检查对方的衣服，以寻找所谓的证据，这属于妄想症的一种，又被称为妄想型障碍，是一种心理障碍。所谓的妄想症，是指抱有一个或多个非怪诞性的妄想，同时不存在任何其他精神病症状。心理学家表示，患有妄想症的人没有精神分裂症病史，也没有产生幻听，但由于具体类型的不同，可能会出现触觉性和嗅觉性幻觉。

据调查发现，妄想症的发病率虽然比较低，但患有这种精神障碍不仅会损害患者的身心健康，使其偏离正常的生活轨道，严重者甚至会危及社会治安。一般来说，男性与女性的患病概率均等，而且发病的范围比较广。在发病前，大多数患者的性格比较孤僻、不合群。

妄想是一种病理性的思维，在病理思维的基础上产生歪曲的信念，在没有任何根据的前提下进行推理和判断，继而得出不符合实际的结论。但患者却对荒唐的结论深信不疑，不能通过讲道理将其说服，也不能用自己的亲身经历来纠正其荒唐的信念。

在临床上，妄想症患者会有以下表现：

（1）个性比较敏感、自私自利、孤僻等，而且很喜欢猜忌；

（2）总是通过“否认”和“投射”来处理自己的内心问题，从而加剧对他人的不信任，也更加系统化地构造妄想；

（3）无法正确地认识自己；

（4）无法信赖他人，总是认为自己周围的人都是敌人，所以人际关系比较紧张；

（5）分不清自我界限，也分不清自己与他人的看法；

（6）有些患者自认为内心有不可告人的秘密，所以非常内疚，也怕他人知道。

根据症状的不同，有心理学家将妄想症分为以下几种：

（1）夸大妄想。患者总喜欢夸大自己的财富、权力、地位等。

（2）关系妄想。患者总是将实际与他没有任何关系的事情，认为与自己有关系。

（3）自罪妄想。也被称为罪恶妄想，患者会毫无根据地认为自己犯下了严重的错误，甚至认为是一种罪行，而且罪大恶极，应该受到惩处，从而通过拒绝吃饭等行为来赎罪。

（4）被害妄想。患者总是认为身边的人会陷害、打击自己，甚至认为其他人会在自己的食物和水中投毒等，因此他们会出现逃跑、伤人等行为。

（5）嫉妒妄想。患者总认为伴侣对自己不忠，发生外遇，所以会监视伴侣，甚至检查对方的衣服，以寻找所谓的证据。

（6）情爱妄想症。也被称为钟情妄想症。患者大多是在 18 ~ 25 岁，而且女性发病率较高，但也会发生于男性身上。这种妄想症的表现是患者首先认为自己被他人钟情，并肯定对方先爱上了自己。

（7）物理影响妄想。患者认为自己的情感、思维等受到某种力量的控制、操纵等，比如某些仪器发出的激光、X 射线等，所以称为物理影响妄想。

（8）暗示妄想。患者常常将其他人对于自己的某些举动认为是某种好的或是坏的暗示，所以会造成很多误会。

（9）内心被揭露感。也被称为内心被洞悉感，患者会认为自己的内心想法或是个人及其家人的隐私，没有通过自己的表述他人就知道了。

（10）其他妄想。比如被窃妄想、变兽妄想等。

那么，妄想症是如何形成的呢？心理学家总结出以下几个原因：

1. 遗传原因。医学研究发现，大多数妄想症患者的家族都有妄想症或是精神分裂症患者，特别是一级亲属，更易患有此种精神障碍。这表明妄想症有可能是遗传形成的，是由父母遗传给子女的。

2. 大脑区域异常。科研人员经过研究发现，大脑不同的区域如果发生异常，则有可能形成妄想症，特别是与知觉、思考相关的大脑区域，比如大脑的化学物质失衡等，都可能与妄想症有关。

3. 心理和环境的原因。研究发现，与世隔绝、社交受限等人群与其他人相比更易患有妄想症；生活工作压力过大、滥用酒精、药物等也会诱发妄想症。这表明心理和环境的原因也会对妄想症起到一定的作用。

现如今，患有妄想症的群体越来越庞大，各个年龄段都有可能患有这种精神障碍。而且妄想症的危害是非常大的，轻则危害身心健康，偏离生活轨道，重则危害社会。所以，患有妄想症要及时治疗。那么如何进行治疗呢？对此，有专家提出以下两种方法：

1. 药物治疗。心理学家表示，治疗妄想症首选的治疗方法就是药物治疗，特别是抗精神病药物。不过，对于不同类型的妄想症，要采用不同的治疗方式：如果妄想症患者无法配合，则可以采用肌肉注射剂的治疗方法；而对于情绪波动比较大的妄想症患者，他们往往会出现抑郁的症状，此时可使用一些抗抑郁的药物。

2. 心理治疗。这首先需要心理医生与患者建立良好的治疗关系，然后给予对方支持来改变其某些异常行为。另外，如果患者是由于过度压力而诱发的妄想症，心理医生可通过认知行为疗法，减缓患者对压力的不当反应。如果患者同意的话，可以鼓励家人参与进来，以更好地帮助患者进行治疗。

Part 9

实验探究：复杂而阴暗的心理怪癖实验

斯坦福监狱实验：路西法变为撒旦

1971 年，美国心理学家菲利普·津巴多在斯坦福大学任教，他将心理系大楼的地下室的一些房间和走廊改造成了一所"监狱"，并将每个房间装修成牢房的样子，还标有牢房号码。以此来研究人们的虐待心理倾向到底是先天就存在的，还是后天养成的。

当一切都准备就绪之后，津巴多教授邀请斯坦福大学的学生作为实验对象。在实验开始之前，他们先对这批学生进行专门的测试，以确认他们是"心理健康，没有疾病的正常人"。结果，有 70 名学生参与了测试，但仅有 24 名通过。随后，这 24 名学生以随机的方式被分为两组，分别扮演"监狱"中的角色：有 9 名学生充当"囚犯"，9 名学生以 3 人为一组轮班担任"看守"，剩下的 6 名则作为实验候补。

之后，津巴多对他们进行为期两个星期的实验观察。其实，在实验开始之前，津巴多曾认为，这可能只是无聊的两个星期。因为实验刚开始时是比较尴尬的，不管对于"看守"还是"囚犯"来说，他们都需要时间来进入角色。

为了让实验更真实，"囚犯"的身份都是用数字来代替的，而且还让他们穿上囚衣，手上和脚上都戴着手铐和脚镣。同时，津巴多还与现实中的警方合作，让警方对那些"囚犯"进行逮捕，并给他们的头上套上牛皮纸头套。而作为"看守"的实验对象则穿着警服，戴着墨镜，以提升权威感。当"囚犯"被关进监狱后，"看守"会对他们进行搜身。而那些参与实验的学生们曾被告知，在实验的过程中，他们的部分人权有可能会遭到侵犯。

　　于是，一些"囚犯"开始挑战权威，他们故意将自己衣服上的编号撕掉，当"看守"下命令时他们也不予理会，还不断地取笑对方。而这些"看守"则开始对"囚犯"采取各种措施，进行"镇压"：第一天晚上，他们就让"囚犯"在半夜起床、做俯卧撑等，有时候还故意骑在他们身上来加大惩罚力度。对此，"囚犯"为了表达他们的不满，将监狱的隔断打通，并用床抵住牢门，不让"看守"进来。

　　他们的行为激怒了"看守"，认为之前的惩罚对"囚犯"来说太轻了，于是，"看守"开始改变惩罚措施：用灭火器喷射他们、扒掉其囚衣、将带头的"囚犯"关禁闭等，以儆效尤。

　　当"看守"发现3个人无法很好地管理9名"囚犯"时，他们又想出了其他管理措施：将3个"罪行"比较轻的"囚犯"单独关在一个牢房中，并对他们特别照顾，为其准备好美味的饭菜和干净的衣服，让他们尽情地享受。关押半天后就将他们再放回去，然后将3个带头捣乱的"囚犯"抓起来折磨，以让他们之间相互怀疑，认为前者是因为告密才会享受那么好的待遇。因此，"囚犯"们开始变得互不信任。

　　在实验进行到第三天时，这些"囚犯"从之前的反抗转变为消极地忍受，而"看守"的惩罚措施则变得越发严厉：让"囚犯"在房间的桶中大小便，并不让其清理，从而导致难闻的气味充斥在整个牢房中。强迫他们用手洗马桶、剥夺他们的睡觉时间等。

　　此时，一个编号为8612的"囚犯"因为备受折磨而出现精神崩溃的状况，这在实验开始前是没有预料到的。可是，当这名"囚犯"向津巴多教授提出"退出"实验的要求时，津巴多却完全进入了自己"监狱长"的角色中，他并没有考虑参与实验的学生的精神状态，而是想到如果有人退出，实验就无法进行。不过，后来实验的另一名负责人同意8612退出，并让一名候补学生参与实验。

　　可是，当这名候补人员加入后却受到其他"囚犯"的孤立。于是，他通过绝食进行反抗，却遭到囚禁以及"狱友"的百般羞辱，似乎他的反抗让自己成了异类，也让自己的"狱友"与"看守"们站在同一条战线上。

一直到了第六天，一位女士的到访才将津巴多从"监狱长"的角色中挽救出来，提前终止了这个实验。这位女士是津巴多教授的女友，当她被邀请到"监狱"中参观时，看到那些"看守"们对"囚犯"们进行百般羞辱和折磨后，她感到非常恐惧、愤怒，并对津巴多教授痛斥道："你对这些学生造成太大的伤害了，他们并不是犯人和看守，却因为你让他们受到如此非人的待遇。"

直到此时，津巴多教授才幡然醒悟，从角色中走了出来，并在第二天早上终止了实验，斯坦福大学的"监狱"之门就此关闭。

在这次实验中，津巴多教授亲眼所见令人震惊不已的画面：在特定的条件下，即使心理健康、正常的好人也会犯下令人发指的暴行，这种性格的变化被津巴多称为"路西法效应"——上帝最为宠爱的天使路西法在堕落后竟然成了恶魔撒旦。

通过这个实验，有很多心理学家认为，环境对人产生的巨大影响往往出乎我们的意料，也让我们非常震惊，它会让人做出很多可怕的事情。在这个实验进行的过程中，并不是所有人都对"囚犯"们施暴，也有"看守"认为那么做不妥，但在群体的压力下，他最终没有发声。就像实验刚开始，有几个"囚犯"想要反抗，可在"看守"的反复打压和惩罚下，他们不得不选择默默地忍受。可见，环境对人的影响有多大，它会悄无声息地改变每个人的个性。

其实，这种情况在现实中非常常见。比如，现如今在校园中经常会出现的"校园霸凌"事件，正是因为环境和群体对个人造成的改变。在校园环境中，个人很容易受到"集体"的影响，不知不觉跟随群体行动。如果集体的力量传递出的是一种负能量，其产生的负面影响往往是无法估量的。

　　在校园中，我们常常会看到这样的现象：当一个学生经常形单影只地上下学时，渐渐地，其他同学就不会主动找他玩。尽管对方并没有什么过错，却会被集体排斥在外，这就是一种可怕的集体暗示。而在"校园霸凌"中，大部分学生都扮演了被动欺凌者的角色，当看到其他欺凌者的暴力行为得逞时，就会在一旁协助或是附和，抑或以漠然的态度来看待此事。

　　而这种"校园霸凌"事件的发生就会形成一种霸凌的氛围：当所有人都在欺负一个人时，大多数人会认为这是理所当然的，而且会选择冷眼旁观，从而助长了这种霸凌行为的嚣张气焰。可见，这是多么典型的"路西法效应"。

　　津巴多教授曾说："尽管我们拥有某种特定的遗传或内在的行为倾向，但强大的环境会战胜这些内在倾向，并导致我们做出一些十分反常、甚至难以理解的行为。"因此，在特定的情境下，在集体的浪潮中，我们要学会坚守自我，保持清醒、冷静、批判的态度，这才是我们最应该做的事情。

罗恩·琼斯的实验：在教室中制造出纳粹

1967年，在美国加利福尼亚州的一所高中的历史课上，当历史老师罗恩·琼斯向学生讲述"二战"时的德国纳粹时，有的同学不解地提问："为什么德国民众会声称他们对屠杀犹太人毫不知情？为什么镇上的人们，铁路工人、教师、医生等，都声称他们对集中营、大屠杀一无所知？为什么身为那些被屠杀的犹太人的邻居甚至好朋友的德国市民说犹太人被捕的时候他们不在那里？"听到学生的发问，琼斯思考了一下，却无法给出一个标准的答案，他感到有些为难。

不过，为了能够让学生们更好地了解和体验纳粹极权运动，他大胆地设计了一个为期一周的行为实验，让班里的学生们模仿纳粹党徒，并且发起了一个以自己为中心的极权运动。没想到，事情的发展超乎他的想象，越来越多的学生参与其中，这种运动的"魅力"让大家无法自拔。实验结果表明，只用一星期的时间，法西斯主义就能复活。

星期一，琼斯老师就向学生讲述了纪律的重要性。首先，他制定了严格的课堂纪律，命令学生们在听课时要端正姿势，抬头挺胸，双脚平放在地上，双手背在身后；让学生只能服从而不能有任何质疑；回答他的问题时，学生们要起立并且恭敬地回答，在回答问题前要尊称他为"琼斯大人"；上课铃响后，学生们从外面迅速回到教室中，不能发出一点声音，而且时间不能超过15秒。

结果，这些独裁式的规定不仅没有任何人表示反对，而且学生们也很快就能接受并适应，同时，课堂的气氛也变好了很多。之后，琼斯老师又制定了一些规定：所有学生都必须随身携带纸笔来记录，回答问题时力求简洁，必须用三个字或是更少的字等。

星期二，当琼斯老师走进教室后发现学生们都坐得笔直，聚精会神地等待着他开讲，一副充满求知欲的样子。于是，他向学生们讲述团结的重要性，并编造一些故事来强调团结所带来的巨大力量。琼斯老师讲完后，发现学生们的眼神中透露着集体归属感。

在上课结束后，琼斯老师还设计了一种问候礼的手势，即右手做波浪状，并称为"第三浪潮"。同时，琼斯老师还规定，所有学生在见面时都要使用这个姿势来问候对方。很快，这个手势就在校园中流行起来，不管是在图书馆或是体育馆，都会看到很多学生做出这个动作。其他班的学生也纷纷前来咨询，问是否能够加入这个班。

星期三，琼斯老师询问班中的学生们是否愿意继续实验，如果愿意的话他就会给对方发一张"会员卡"。结果，所有人都愿意留下来。此时，琼斯历史课上的学生也由原来的30人增加到了43人，有13个外班学生是翘课来上琼斯老师的课的。

接着，琼斯老师给每个学生都发了"会员卡"，并且分配了任务。另外，他告诉学生们，这些卡片中有3张卡片标记了红色的X形，有谁拿到这样的卡片就要向老师汇报其他人违反纪律的行为。不过，老师并没有明确指出谁拿了X卡片，也没有讲明有多少人拿到了X卡片。

之后，琼斯老师开始讲述行动的重要性，并对学生进行填鸭式的教学。可上了几节课后，很多学生都很自然地接受，并声称愿意做老师安排的任何事情。这让琼斯有些震惊，他决定试探一下学生是否真的如此。

于是，他开始给学生们分配任务：学生A负责设计这个实验的标志；学生B必须在第二天记住所有成员的名字和住址；学生C负责阅读某个小册子，并且在一节课结束后向所有人复述其中的内容……在分配完任务后，琼斯还制定了吸收新会员的规则：新会员的加入必须由老会员介绍，然后由老师为其发放卡片，而且这位新会员必须能够复述所有规定并宣誓服从这些规定，才能批准其成为他们中的一员。

这天结束后，竟然有 200 名学生参与了进来，而且整个学校也变得相当活跃，校园中的很多人都来询问"第三浪潮"的相关信息，甚至连校长也向琼斯做出了浪潮的手势，琼斯只好回敬过去。更让琼斯感到震惊的是，他明明下发了 3 张 X 卡片让学生做汇报工作，可现如今竟然有 20 个告密者来向他汇报"某人不遵守规定"等情况。

本来，班中有 3 个女生的学习成绩是相当不错的，可自从出现"第三浪潮"后，她们在这个充满"军国主义"气氛的实验中有些无所适从，因为大家都呼吁平均主义，没有人对个体进行褒奖。所以，她们很少参与班上的活动，并向父母说起了班中的事情。可琼斯老师在向家长解释后，家长竟然表示完全同意，并愿意帮助琼斯老师说服其他家长。

此时，就能够解释学生刚开始提出的"为什么镇上的人们，铁路工人、教师、医生等，都声称他们对集中营、大屠杀一无所知"的问题了，因为是人性的过于盲目和漠视，在无形之中为暴行提供了基础。此时，琼斯也发现，这个实验已经失控了，学生们根本不知道自己在做什么，只是一味地服从命令，所以他必须想办法阻止这一切。

星期四，琼斯老师想到终止这个活动的方法，他告诉学生们，这场活动只是一个教学实验，是为了国家的政治改革而发起的运动，目的是选拔一些优秀的年轻人。为了让学生们相信这个消息，他还宣布星期五在学校小礼堂举行集会，会有一位领导人通过电视讲述这个运动的真实性，而且是电视直播。对此，学生们非常激动。

星期五，琼斯老师让自己的几个朋友装扮成记者的样子，拿着相机。而学生们按照老师的指令也来到了小礼堂集合，笔直地坐在那里，并向台上的琼斯整齐地敬礼。可是，当电视打开后并没有任何内容，也没有什么领导人出现，这让台下的学生们开始出现了骚动。此时，琼斯老师将电视关掉，并告诉学生们，其实根本没有什么领导人，更没有什么"第三浪潮"运动。接着，琼斯老师讲述了法西斯的独裁、监控等历史。最后，琼斯老师还放映了纳粹的真实影像，画面中充斥着谎言、纪律、暴力等。此时，学生们才明白过来：自己正在学习法西斯主义的行为，自己所走的路与他们别无二致。

此时，实验才宣告结束。

这个实验告诉我们为何在二战期间纳粹会惨无人道地残害犹太人，而平民百姓为何无视他们的暴行。这是因为在集体意识的驱使下，即使有的纳粹分子对无辜的犹太平民遭到屠杀感到不合理，但依然会在强权之下服从命令，做出令人发指的暴行。在这种集体意识下，他们的暴行似乎变得具有合理性，所以在伤害他人时也不会有太大的心理负担。因此，当人性的恶被释放出来，魔鬼就会应运而生。

即使是个性鲜明而又懂得独立思考的美国学生，他们仍然会无法自拔地投入疯狂的运动中去。多年之后，琼斯曾与参加实验的一些学生相见，在交谈中发现，有些学生对结束实验仍然持有保留的态度。

在 2008 年，德国导演将这个实验改编成了电影《浪潮》，将这一事件搬到了电影屏幕上，除了将地点从美国换到了德国之外，基本上还原了事件的本来面目。影片中反映了家庭的冷漠、校园的颓废、社会的堕落等，正是因为这些原因才为极权奠定了基础，才让更多的学生疯狂地参与到这场运动中。

感觉剥夺实验：不可或缺的外界刺激

1954 年，心理学家贝克斯顿、赫伦和斯科特等人在加拿大的麦克吉尔大学进行了"感觉剥夺"的实验研究。他们邀请一些大学生来参与实验，如果愿意参加的话，每天会给予 20 美元的报酬。而在当时，大学生打工一个小时仅仅获得 50 美分，所以贝克斯顿等人给出的这个报酬是相当高的。很多大学生得知参与这个实验不需要做任何事情，只需要每天待在隔离室中，而在隔离室中会有固定的机器，实验参与者可以通过操纵机器来获取食物和水，所以很多大学生都纷纷前来报名。

贝克斯顿等心理学家在选择好参与实验的大学生后，让他们戴上特别制作的半透明塑料眼镜，以让他们难以产生视觉；让他们在手臂上套上用纸板做的套袖和棉手套，腿脚也用夹板控制，以限制其触觉；头部所枕的枕头则是用 U 形泡沫橡胶做成的，用空气调节器发出单一而乏味的声音，以限制他们的听觉。

随后，心理学家让参与实验的大学生们安静地躺在一张床上，而且不能随意起来走动。很多大学生都感到这个实验太简单了，很容易就能做到，而且在此期间自己正好可以躺在床上休息或是考虑一下自己的学习和论文计划等。

可是，事情并没有实验对象所预期的那样简单，本来他们以为自己可以在这个隔离室中待上好几天，结果实验进行了不到 48 个小时，有些实验参与者就表示要退出这个实验。当心理学家贝克斯顿向其了解原因时，他们表示，在实验刚开始时并没有感觉哪有不妥，能够正常地休息，也能静下心来思考一些事情。可时间一长，就会感到非常难受，没有办法让自己进行清晰的思考。而且注意力很难集中，甚至连睡觉也变得相当困难。

结果，虽然实验的报酬非常高，但几乎没有一个实验参与者能够在实验室中忍耐 3 天以上。更让人感到惊讶的是，在实验期间，竟然有 50% 的人出现了幻觉，有的实验参与者出现了幻视，感觉自己好像看见了光在闪烁；有的实验参与者则是出现了幻听，好像听到狗在吠叫、水的滴答声或是打字的声音；还有的人出现了幻触，感觉自己的额头和脸颊好像被一块冰冷的钢板压着；更有人感觉自己所躺的床垫被人抽走。这让很多实验参与者感到紧张、焦虑、恐惧等。

之后，心理学家贝克斯顿继续对一些参与实验的大学生进行跟踪调查，调查发现，这些人结束实验后依然处于紧张、焦虑的状态中，而且注意力很难集中，无法正常思考。直到实验后的第三天，他们才渐渐恢复了正常的状态。

心理学家将这个实验称为"感觉剥夺"实验，即将参与实验的实验对象与外界环境完全隔绝，让他们处于无法与外界发生联系的特殊状态下。在这种状态下，实验对象的各种感觉器官是无法接收外界的任何刺激的，一段时间过后，实验对象就会产生一些病态的心理现象，比如出现幻觉、错觉等；思维反应迟钝、注意力难以集中；情绪处于紧张、焦虑的状态等。

另外，这个实验也表明：当人们被剥夺感觉后会产生难以忍受的痛苦，各种心理功能也会受到不同程度的损害，需要一段时间才能逐渐恢复正常。所以在日常生活中，人们需要接受各种外界刺激，比如光、嗅、触、声、味等，才能有助于人体机能的正常发展。

认识环境的需要往往比物质需要更迫切、更强烈。在感觉剥夺实验中，虽然实验对象的生理、物质需要获得了满足，但认识上却受到了限制，引起了心理上的混乱。

　　社会环境对人们的重要性是不言而喻的。如果人们离开了赖以生存的社会环境，正常的心理状态便难以维系。在感觉剥夺实验中，由于实验参与者离开了正常的社会生活环境和条件，才会产生很多病理性的心理变化，所以作为社会化的产物，人们是无法离开社会环境的。

　　其实，感觉剥夺现象常常发生于一些在特殊环境下工作的人们身上，比如流落到海上孤岛的遇难者、在沙漠中远征的探险者等。另外，经常开长途车的司机和雷达监测员也处于轻微的感觉剥夺状态，所以有时候他们会产生幻觉，从而造成一些事故。

　　比如在一些影视剧中，我们会看到一种监狱的刑罚——关禁闭，这是一种相当重的刑罚，对犯人的心理和精神造成了极大的摧残。这种刑罚是让犯人待在一个三四平方米的小房间中，周围的墙壁都铺满了海绵垫子，房间中有摄像头、呼叫器、便池。将犯人关进这个房间后，禁止其携带任何物品，更不允许狱警与犯人私自接触，而犯人也接触不到任何信息。一般来说，犯人在禁闭室中的前两天可能还没有什么感觉，可到了第三天就会感到有些无聊，到了第四天则会感到烦躁不安。随着时间的推移，这种感觉就会变得非常强烈，人会濒临精神崩溃，甚至会产生想要自杀或是杀人的念头，而且内心极度恐惧。

　　再如非法的传销组织。当他们发展新人时，首先就是控制对方的人身自由，让其处在一个相对封闭的环境中，切断他与外界的联系，切断所有的信息来源，以让对方的心理上产生焦虑不安的状态，从而导致其思维反应能力降低。同时，传销人员向他反复地灌输传销方面的信息。当对方的辨识能力下降时，他就会从最初的疑心到慢慢接受，再到坚信不疑。

　　在孩子的教育问题上，感觉剥夺也会有明显的体现，这种现象被称为早期感觉剥夺，即将孩子的好奇、愉悦、幸福等情绪体验剥夺，让他们产生害怕、愤怒、猜疑等不良情绪，导致孩子们缺乏情感和爱，影响他们的心智和情感的发展，造成交流障碍，无法与人正常地相处。一般来说，这种现象常常发生在单亲家庭或是家庭关系不和睦的环境中。

　　另外，由于很多父母对孩子过于关心和保护，总是担心他们遇到各种意外或是受到疾病的侵袭，更怕他们吃苦受累，便将其放在舒适的环境中，犹如温室里的花朵。可是，他们这样做正是对孩子的感觉剥夺，最终会限制孩子的成长或是导致他们心理不健全，抑或是让他们变得心胸狭隘等。

　　对此，心理学家表示，人的成长和成熟离不开与外界环境的广泛接触和交流。只有通过社会化的接触，才能更好地融入外界环境，人才能更好地发展。

克拉特死亡实验：意念让人自杀

美国心理学家克拉特曾做过这样一个实验：他将一只小白鼠放在一个很大的水池中，以此来观察它在遇到危险情况时所出现的行为。众所周知，鼠类都具有很强的游泳能力，所以，心理学家将它放在一个巨大的水池中。虽然水池非常大，但对于小白鼠来说，依靠它的游泳能力完全能够游到水池的岸边。

当小白鼠被放在水池中后，它并没有马上开始游动，也没有表现出惊慌失措的样子，而是在水池中转着圈子并发出"吱吱"的叫声。原来，小白鼠的胡须具有探测的功能，当它发出叫声后，声音会传到水池岸边，然后声波会反射回来，被它的胡须探测到，从而判断出水池的大小、自己所在的位置以及距离岸边有多远。所以，小白鼠在转了几圈后，便朝着一个方向轻松地游了过去，很快就游到水池岸边。反复进行几次，实验结果都是这样。

随后，心理学家又选了一只小白鼠，将其放在水池中间。不过，这只小白鼠的胡须被剪掉了。只见它同样在水池中转了好几圈，并发出"吱吱"的叫声。可是，由于小白鼠的"探测器"已经不存在了，导致它无法准确地测定方位、距离。它在水池中着急地转着圈，没过几分钟，小白鼠就沉到水底淹死了。

第二只小白鼠之所以会死亡，心理学家得出了这样的解释：由于小白鼠的胡须被剪掉，导致它无法准确地测定方位，在它的大脑中就认为自己置身于无边无际的大海中，自己无论怎样奋力地游也是游不到岸边的。所以，它最后放弃了努力和挣扎，自动结束了自己的生命。

　　心理学家通过这个实验得出结论：当动物感到彻底无望时，它们就会强行结束自己的生命，这种现象被称为意念自杀。其实，克拉特这个实验正是源于一起真实死亡事件的法律诉讼。

　　在美国一所大学中，有几个大学生对朋友搞了一个恶作剧。一天晚上，他们几个人用一个大布袋子将一位毫不知情的朋友装了进去，并将他横放在一条废弃的铁轨上，然后他们几个人跑到一边看笑话。

　　过一会儿，附近的火车站传来火车出站的声音，轰鸣声非常大，导致地面都在晃动。此时，被横放在铁轨上的那位朋友在口袋中开始挣扎起来，他并不知道自己躺在一条废弃的铁轨上，而开来的火车是要从他身边的铁轨通过。

　　随着火车越来越近，那几个搞恶作剧的大学生发现，当火车离布袋中的朋友还有百米远时，他们的朋友突然停止了挣扎，在那里一动也不动。当火车轰隆隆驶过去后，他们几个人跑到朋友的身边一探究竟，竟然发现朋友已经死亡了。

　　法医对其尸体进行解剖后并没有发现内部器官有任何损伤的痕迹。那么，他是如何死的呢？是他人杀害的，还是自杀呢？法律应该如何定罪呢？这起案件在当时成了大家议论的话题。而心理学家通过实验给出了这样的解释，当他被放在废弃的铁轨上，听到火车的轰鸣声逼近，而且地面发出颤动时，他想要挣扎逃离，但又被袋子困住，他知道自己无法逃脱，为了免受被火车碾压之苦，在火车离其百米远时，他强行结束了自己的生命，所以，他是自杀而死的。

　　无独有偶，在美国有一位在高压电器场所上班的工人，由于他每天都要置身于四周都是高压设备的工作台上工作，虽然他采取了各种安全措施，但这个工人内心还是极度不安，他总担心在这种环境中工作会出现生命危险。有一天，当这位工人正在工作时，无意间碰到一根电线，他立刻倒地身亡，而且身上还出现因为触电身亡呈现的特征。可奇怪的是，法医检查发现他并没有触电，那根电线并没有通电，而他却以为自己触电了。

还有一个在冷藏室工作的工人，当他在冷藏室盘点货品时，被同事不小心锁在了冷藏室中。当他准备出去时，发现冷藏室的门从外面被锁住后，他内心感到非常恐惧，因为他的衣着单薄，在冷藏室里肯定会被冻死的，他越想越害怕，越来越惊慌。第二天，当同事打开冷藏室大门时发现他已经死了。可让大家不解的是，那天晚上冷藏室是处于断电状态的，那名工人却认为自己被关在低温的冷藏室中必然会被冻死，结果就真的"冻"死了。

这正是意念自杀的现象。在意识中，有刺激强度大、意义大的意识，也有刺激强度小、意义小的意识，但我们会不自觉地选择意义大的意识转化成意念，而将其他意识摒弃。这种意念则会转化为动机，支配人体来付诸行动。同样，当人处于绝望的情境中时，其生理机能将会自动终止，以让自己免受死亡的痛苦。

其实，意念自杀导致人死亡的原理与受到惊吓而致死的原理非常相似。有研究人员对一些意念自杀的人的尸体进行解剖发现，这些死者的心脏中都存在大量细胞坏死的现象。之所以会出现这种现象，是因为人体分泌出大量肾上腺素造成的。

当人受到惊吓时产生的恐惧意念能够引起肾上腺分泌出大量激素，而肾上腺素的急剧增加则会导致心脏活动过强，从而将大量的心脏细胞杀死。这些坏死的细胞又会影响和遏制心脏神经纤维束的正常传导功能，当它们阻断这个神经冲动传导通道时，调节心脏跳动的电信号就会中断，心脏也会随之停止跳动，人就会被自己的意念杀死。

美国著名心理学家马丁·加德纳曾做过这样一个实验：他让一名死囚躺在床上，并告诉对方将以放血的方式来结束其生命。接着，他拿出一块木片在死囚的手腕上划了一下，然后将预先准备好的水龙头打开，让水龙头按照滴血的速度朝着一个容器中滴水，滴水节奏由快渐渐变慢。最后，死囚在没有任何伤口的情况下晕了过去。

后来，根据这个实验，马丁·加德纳反对医生将病人患有癌症的情况告知对方，因为他调查发现，美国 630 万名死于癌症的患者中有 80% 的病人是因为惊吓过度，而 20% 的患者是因为病情死亡。因为患者的精神被击垮了，所以他们就丧失了生存的意志，这种意念加速了他们的死亡。

不过，有心理学家指出，并不是所有人都会产生意念自杀的现象，当个人的心理承受能力比较强，而且有坚定的信念，遇事沉着冷静，不会产生消极的自我暗示，更不会产生悲观绝望的想法，就不会出现意念自杀的现象。所以，在日常生活中，不管我们身处何种逆境和厄运，都不能就此放弃或是产生绝望的念头，即使被厄运撞得头破血流，依然要对生活抱有希望，坚定地走出逆境。

达利与拉丹的实验：冷漠的真相

　　1964 年，在美国纽约皇后区，一个名叫珍诺维斯的年轻女子在夜班结束后准备回家。当她快到家时，先将车停在公寓附近的停车场中，停好车后便朝着公寓大楼走去。可是，在她下车后却发现有一个形迹可疑的男子尾随她。于是，她立刻朝着街角的紧急报案电话亭走过去。

　　但她还没有走到紧急电话旁边，那名男子就拿着刀朝着她的背后刺去。当她转过身来后，腹部也中了刀。她拼命地呼救，因为案发地点是居民密集区，她的叫声让附近居民家的灯纷纷亮了起来。可没想到，灯虽然亮了起来，却没有人下楼过问，只有人在房间里大喊："放过那个女孩。"那个男子立即跑开了，而身中数刀的珍诺维斯忍着疼痛爬到了路边。

　　过一会儿，公寓居民的灯光都灭了，街道再次恢复了寂静。那个男子没走多远发现灯光灭了，而且没有人伸出援手，于是，他再次回到案发地点，拿着刀朝着珍诺维斯猛刺。珍诺维斯再次发出凄惨的呼救声，几分钟后，有些居民家中的灯光再次亮起。那个行凶的男子又逃跑了，而珍诺维斯也想办法爬进了公寓大楼。可是，当男子发现依然没有人前来帮助她时，他又返回来对珍诺维斯施暴。此时的珍诺维斯只能发出微弱的呻吟声。

　　最后，终于有人报了警，可珍诺维斯已经身亡。在这起案件发生的过程中，有 38 位居民开灯看到事发过程，却没有一个人伸出援手。这起事件被媒体报道后，引起美国民众一片哗然，人们都声讨和谴责坐视不管的 38 个目击者。而社会学家和心理学家也对这起事件进行了分析和解释：有的专家认为那些目击者是因为受到极度惊吓而导致他们没有做出反应；还有人表示是因为电视节目对美国人的影响太大，导致他们分不清电视节目和现实。

此时，纽约大学的达利与哥伦比亚大学的拉丹也对这起事件进行了思考：是因为冷漠还是其他原因导致了这起惨案呢？由此，他们想要研究一下在紧急的情况下，哪些因素会影响帮助他人的行为。

他们以研究大学生的适应情况为由，招募那些不知情的纽约大学生，最后，他们招募了 72 名志愿者。在实验开始之前，他们准备了几个用音响管线连接的房间，并且在房间中安放了录音机，里面有已经录好的录音带。可是，对于参与实验的人来说，他们并不知道那是在放录音，以为是真有人在现场。

实验的规则是：每个实验参与者用两分钟的时间讨论自己所听到的问题，必须按照排定的顺序，认真听预先录好的谈话内容，轮到自己时才能发言。还没有轮到时，麦克风是不能打开的。另外，研究人员还告诉参与实验的志愿者："在房间中可以通过麦克风匿名小组讨论，有的人在二人组，有的人在三人组，还有的在六人组。"但实际上，每组只有一名志愿者。

于是，研究人员像将预先录好的谈话进行播放：谈话者表示自己患有癫痫，这种病很容易发作，尤其是在考试前，而且自己孤身一人在纽约的生活很困难，他的声音变得越来越弱。正在这时，一个活泼开朗的声音出现了。而志愿者以为另一个人就在临近的房间中，谁也不知道这是在播放录音带。接着，又有几段录音带陆续播放。

直到发生状况，那个"癫痫者"发作了。而志愿者待在隔离的房间中，他们看不到患者发作的模样，也看不到或是听不到"在场"的其他人的反应。"癫痫者"起初讲话比较正常，慢慢地开始有些语无伦次，而且声音变得越来越大，越来越恳切："我……我觉得，我需要……需要……帮助，有……有没有……人……能助我？"一阵急促的喘气声过后，周围一片寂静。

按照常理来说，人越多，见义勇为的可能性就越大。可实验结果让人很震惊：在二人组中，有 85% 的人在 52 秒内走出房间告诉研究人员"有人癫痫发作需要帮助";在三人组中,有62%的人在93秒内走出房间告诉研究人员"有人癫痫发作需要帮助";而在六人组中,仅有31%的人选择帮忙,而用时达到166秒。

通过实验,他们得出一个结论:越多的旁观者目睹一起事件发生,个别的目击者就会认为自己的责任越少,因为有更多的人分摊责任。所以,他们将这种现象称为责任扩散。

为了进一步挖掘旁观者态度对实验参与者的影响,之后,达利和拉丹又进行了实验。他们邀请4名大学生参与实验,其中3名是刻意安排的,另外1名是毫不知情的,实验地点是一个有通风口的房间,4个人都必须坐在房间中填写一些关于大学生活的调查问卷。

几分钟后,研究人员向那个房间中释放一些对人的身体无害的气体,但会让人感到情况紧急。起初,当这些烟雾进入房间中时,不知情的实验参与者已经发现异常,而其他3名实验参与者则了解内情,所以继续镇定自若地填写问卷。慢慢地,烟雾变得非常浓厚,有人开始出现咳嗽的状况。那位不知情的实验参与者开始面露恐惧,虽然他不明白其他人为何那么镇定,但他还是像他们那样继续填写问卷。

实验结果显示,如果知情的实验对象镇定自若地填写问卷,那么,其他志愿者不管自己多么焦虑、惊慌,都会压制住强烈的情绪反应,继续坐在房间中。

对此,达利和拉丹总结道,在紧急状况下人们的反应是一连串的心理决策的结果。他们首先会注意到某些不寻常的迹象,然后对这些迹象进行解读,继而意识到是自己的责任,在权衡利弊之后才会采取行动。可是,旁观者的数量往往会影响人们对利弊的判断。

比如,当我们上班穿过一条僻静的胡同时,突然发现路边有一个因为吞食异物而导致气管堵塞窒息的孩子,而旁边没有第三个人。此时,我们会怎么做呢？我们可能会意识到这是自己的责任，如果自己不去帮忙还有谁来帮忙呢？接着，我们可能就会权衡利弊：自己有没有能力帮助对方呢？有的。即使自己不会使用急救法，也可以大声呼喊他人前来帮忙；如果自己帮助对方，可能会获得孩子父母的感谢，内心也会获得一种成就感。可是，自己可能会因此而上班迟到，从而被扣全勤奖，还会受到领导的批评；如果不帮对方，自己不仅会受到他人的指责，还会一直感到非常内疚和自责。所以，自己会选择帮忙。

可是，如果此时胡同中还有一个成年人呢？只要有一个人伸出援助之手，孩子就会获救的。所以，"帮助孩子"不再是"我"的责任，而是"我们"的责任。在权衡之后，自己的想法就会发生改变。即使自己不帮忙，其他人也不会责怪自己。

可是，如果这件事发生在人来人往的大街上呢？可能很多人会想：其他人怎么还没有出手帮忙呢？会不会是自己弄错了？是不是电视台在做真人秀节目，有隐藏的摄像机呢？于是，我们可能会决定再看看、再等等。

所以，只要附近有旁观者，个人所承担的责任就会减少；而旁观者的数量越多，权衡利弊就会变得越复杂。